什麼是週期表？

首先來觀察
週期表吧！ ……………………… 2

週期表主宰
這個世界！ ……………………… 4

元素的個性
五花八門？ ……………………… 6

透過卡牌遊戲
找到週期表的靈感！ …………… 8

因為新夥伴的加入而
逐漸變大的週期表 …………… 10

元素在週期表中
是依照什麼順序排列？ ……… 12

原子會隨著週期表的
原子序增加而變大嗎？ ……… 14

為何原子量
「不是整數」？ ………………… 16

Coffee
Break ： 元素和原子
有何不同？ …………… 18

元素的誕生

最早誕生
的元素？ ………………………… 20

重元素
如何產生？ ……………………… 22

地球上
哪種元素最多？ ………………… 24

人體是由
哪些元素構成？ ………………… 26

Coffee
Break ： 我們體內原子的
宏偉故事 …………… 28

從週期表觀察元素的性質

決定元素性質的
「電子」位在何處？ …………… 30

「橫列」的元素
有共同點！ ……………………… 32

「縱行」的元素
有共同點！ ……………………… 34

第1族元素
個性剛烈？ ……………………… 36

第14族元素製造了
生命不可或缺的物質 ………… 38

個性溫和的
第18族元素 ……………………… 40

個性相似的
第3～11族元素 ………………… 42

Coffee
Break ： 原子的
真實樣貌為何？ ……… 44

週期表與離子

失去電子，
變成「陽離子」！ ……………… 46

獲得電子，
變成「陰離子」！ ……………… 48

同一族的元素
會變成相似的離子 …………… 50

越靠左下方的元素
越容易變成陽離子 …………… 52

越靠右上方的元素
越容易變成陰離子 …………… 54

為什麼食鹽
會溶於水？ ……………………… 56

Coffee
Break ： 電池的原理
跟離子有關 …………… 58

週期表與金屬元素

金的原子排列
井然有序 ………………………… 60

為什麼金屬
看起來亮亮的？ ………………… 62

為什麼金屬
容易導電或導熱？ …………… 64

金屬能屈能伸
的原因 …………………………… 66

無論何種金屬
都會受磁鐵吸引？ …………… 68

何謂介於金屬與非金屬之間的
「半導體」？ …………………… 70

稀有金屬
為什麼「稀有」？ ……………… 72

週期表中獨樹一格的
稀土元素 ………………………… 74

除了「表格」形式以外
還有各式各樣的週期表！ …… 76

少年伽利略

U0076692

首先來觀察
週期表吧！

「週期表」中
暗藏的巧妙規律

右 表是化學課程中常見的「週期表」（periodic table）。表中較大的英文字母是「元素符號」，其下方則是元素的中文名稱。

所有元素按照號碼［右上角的小數字，稱為「原子序」（atomic number）］由左至右、由上至下依序排列成表。

先花點時間，仔細觀察這個「週期表」吧。其實，週期表中暗藏著巧妙的規律。只要掌握解讀週期表的訣竅，便可以推測元素的性質。

那麼，接下來就讓我們踏上解讀週期表的偉大旅程吧！

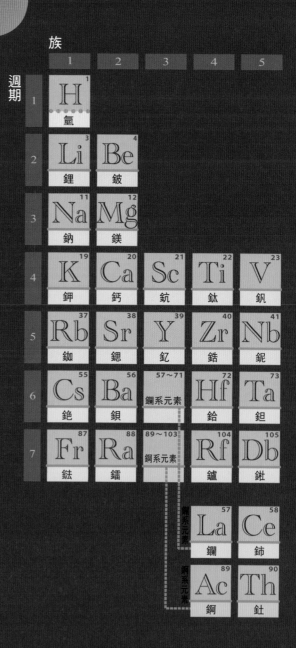

族					
週期	1	2	3	4	5
1	H 1 氫				
2	Li 3 鋰	Be 4 鈹			
3	Na 11 鈉	Mg 12 鎂			
4	K 19 鉀	Ca 20 鈣	Sc 21 鈧	Ti 22 鈦	V 23 釩
5	Rb 37 銣	Sr 38 鍶	Y 39 釔	Zr 40 鋯	Nb 41 鈮
6	Cs 55 銫	Ba 56 鋇	57～71 鑭系元素	Hf 72 鉿	Ta 73 鉭
7	Fr 87 鍅	Ra 88 鐳	89～103 錒系元素	Rf 104 鑪	Db 105 𨧀

鑭系元素	La 57 鑭	Ce 58 鈰
錒系元素	Ac 89 錒	Th 90 釷

屬於「金屬」的元素

屬於「非金屬」的元素

······ 單質為氣態的元素（25℃，1大氣壓）

～～ 單質為液態的元素（25℃，1大氣壓）

—— 單質為固態的元素（25℃，1大氣壓）

週期表的縱行稱為「族」，
橫列稱為「週期」。

註1：109號以後的元素，化學性質仍不詳。

註2：下方週期表是根據國高中教科書上的歸類方式，
來區分金屬或非金屬元素。此外，第70～71頁
會介紹另一種更趨近本質的歸類方式，是以物
質中的電子能量分布（能帶結構，energy band
structure）為依據。

6	7	8	9	10	11	12	13	14	15	16	17	18
												He 2 氦
							B 5 硼	C 6 碳	N 7 氮	O 8 氧	F 9 氟	Ne 10 氖
							Al 13 鋁	Si 14 矽	P 15 磷	S 16 硫	Cl 17 氯	Ar 18 氬
Cr 24 鉻	Mn 25 錳	Fe 26 鐵	Co 27 鈷	Ni 28 鎳	Cu 29 銅	Zn 30 鋅	Ga 31 鎵	Ge 32 鍺	As 33 砷	Se 34 硒	Br 35 溴	Kr 36 氪
Mo 42 鉬	Tc 43 鎝	Ru 44 釕	Rh 45 銠	Pd 46 鈀	Ag 47 銀	Cd 48 鎘	In 49 銦	Sn 50 錫	Sb 51 銻	Te 52 碲	I 53 碘	Xe 54 氙
W 74 鎢	Re 75 錸	Os 76 鋨	Ir 77 銥	Pt 78 鉑	Au 79 金	Hg 80 汞	Tl 81 鉈	Pb 82 鉛	Bi 83 鉍	Po 84 釙	At 85 砈	Rn 86 氡
Sg 106 𨭎	Bh 107 鈹	Hs 108 𨭆	Mt 109 䥑	Ds 110 鐽	Rg 111 錀	Cn 112 鎶	Nh 113 鉨	Fl 114 鈇	Mc 115 鏌	Lv 116 鉝	Ts 117 鿬	Og 118 鿫

	Pr 59 鐠	Nd 60 釹	Pm 61 鉕	Sm 62 釤	Eu 63 銪	Gd 64 釓	Tb 65 鋱	Dy 66 鏑	Ho 67 鈥	Er 68 鉺	Tm 69 銩	Yb 70 鐿	Lu 71 鑥
	Pa 91 鏷	U 92 鈾	Np 93 錼	Pu 94 鈽	Am 95 鋂	Cm 96 鋦	Bk 97 鉳	Cf 98 鉲	Es 99 鑀	Fm 100 鐨	Md 101 鍆	No 102 鍩	Lr 103 鐒

什麼是週期表？

週期表主宰
這個世界！

宇宙中的星體和我們的身體
皆由元素所構成

週期表就是元素的表格。所謂的
元素（element），簡而言之就
是原子的種類。原子（atom）是直
徑約10^{-10}公尺的極小粒子。自然界中
的所有物質皆由原子所構成。

在遙遠宇宙中發光的太陽，以及環
繞其周圍運行的行星，都是由原子所
構成。此外，包括人類在內的所有生
物體皆由「細胞」（cell）組成，而細
胞也是由原子所構成。

無論是存在或不存在於地球的物
體，生物還是無生物，萬物皆以「原
子」為共同原料所構成。因此，了解
由元素排列而成的週期表，也就能了
解自然界。

元素是所有物質的原料

在宇宙中閃耀的星體和行星，以及生存在地球上
的所有生物體，一切都是由原子構成。原子（元
素）是主宰自然界的基本物質。

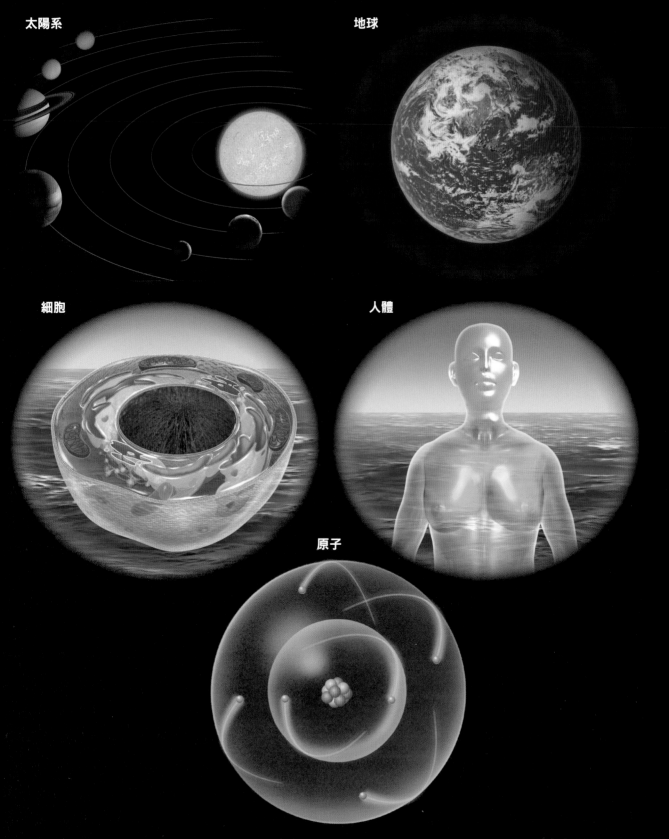

太陽系

地球

細胞

人體

原子

元素的個性五花八門？

元素的排列似乎有某種規則

目前週期表上總共有118種元素。相信有人會覺得：「數量那麼多，怎麼可能把每個元素的性質都記住啦！」不過請不用擔心，只要用點訣竅排列元素，相似的元素將會週期性地出現。

首次將元素進行分組的人是德國化學家德貝萊納（Johann Döbereiner，1780～1849）。他發現了3組彼此相似的三種元素，並將其取名為「三元素組」（triad）。

後來，英國化學家紐蘭茲（John Newlands，1837～1898）於1864年發現了「八度律」（law of octaves）。若將元素按質量（原子量）依序排列，則每8個就會出現性質相似的元素。「八度」一詞來自於「Do-Re-Mi-Fa-Sol-La-Si-Do」這種1個八度（8度音程）的音階。

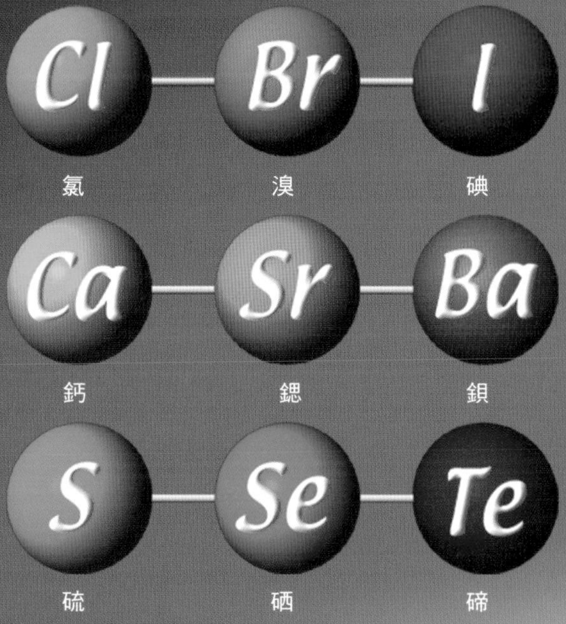

最早的元素分組

德貝萊納發現了3組彼此相似的三種元素（上圖）。他將這些元素取名為「三元素組」。

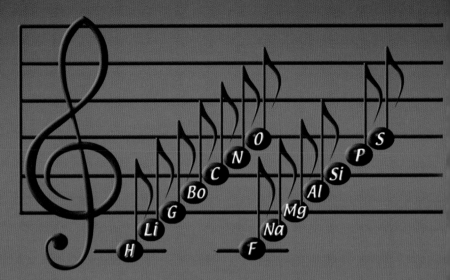

將元素比擬為音符

紐蘭茲發表了「八度律」。根據該法則可知,某元素每過 8 個編號,就會出現與之性質相似的元素。然而重元素就不適用這個規律了,因此當時未被普遍認同。

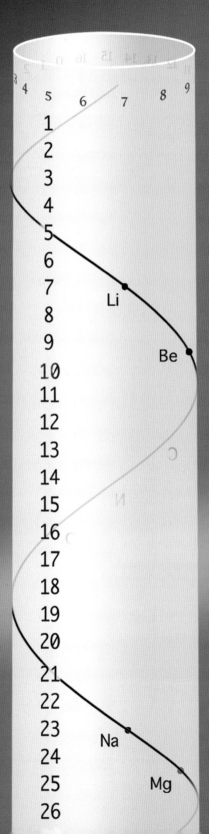

元素呈現螺旋狀排列

法國礦物學家尚古爾多阿(Béguyer de Chancourtois,1820~1886)於1862年發表了「地螺旋」(telluric screw)。若將元素以螺旋狀排列,則性質相似的元素將垂直並列。不過可惜的是,幾乎沒有人能夠理解。

透過卡牌遊戲找到週期表的靈感！

「始祖」週期表預言了未知元素

18 69年，俄國化學家門得列夫（Dmitri Mendeleev，1834～1907）在撰寫化學教科書的過程中，不知該如何介紹元素而煩惱。當時已發現63個元素，也知道某些元素擁有相似的性質，但是卻沒有人歸納統整這些元素。

就在此時，門得列夫靈光一閃，決定參考自己喜歡的卡牌遊戲，以相似的方法來排列元素。他在卡牌上寫下元素的名稱和質量（原子量），然後

門得列夫製作的週期表

依據 1870 年德國學術雜誌刊載的週期表製成。

此表以當時使用的元素符號和原子量表示。顏色不同的部分，是門得列夫預言的元素之空位。

	I	II	III	IV	V	VI	VII	VIII		
1	H =1									
2	Li =7	Be =9.4	B =11	C =12	N =14	O =16	F =19			
3	Na =23	Mg =24	Al =27.3	Si =28	P =31	S =32	Ce =35.5			
4	K =39	Ca =40	? =44	Ti =48	V =51	Cr =52	Mn =55	Fe =56	Co =59	Ni =59
5	Cu =63	Zn =65	? =68	? =72 *	As =75	Se =78	Br =80			
6	Rb =85	Sr =87	Yt =88	Zr =90	Nb =94	Mo =96	? =100	Ru =104	Rh =104	Pd =106
7	Ag =108	Cd =112	In =113	Sn =118	Sb =122	Te =125	J =127			
8	Cs =133	Ba =137	Di =138	Ce =140	?	—	?	—	—	—
9	—									
10	?	—	Er =178	La =180	Ta =182	W =184	—	Os =195	Ir =197	Pt =198
11	Au =199	Hg =200	Tl =204	Pb =207	Bi =208					
12	?	—		Th =231		U =240		—		

將性質相似的元素分為一組，再將同組的元素按照原子量依序排列。經過無數次排列之後，「元素週期表」終於完成。此週期表最令人讚嘆的部分在於，他預言了尚未發現的元素並在表中留下了空位。實際上，週期表也的確精準預測了 8 個元素的原子量及其性質。

精準預測了未知原子的原子量及其性質

門得列夫在元素週期表中留下空位並預言了未知元素（左頁圖中的「？」）。舉例來說，他假設鈦的下方預計排入擬矽（eka-silicon，以＊標示處），並預言其原子量、密度及性質。實際上，後來也真的發現了和預言幾乎一樣的元素「鍺」。

門得列夫

因為新夥伴的加入而逐漸變大的週期表

門得列夫的週期表基本上並未改變

將門得列夫週期表加以改良而成的「短週期表」

門得列夫的週期表中缺少氖、氬等「稀有氣體」（rare gas）的組別。於20世紀製成的週期表（下圖）中，則將其配置在週期表的右側。

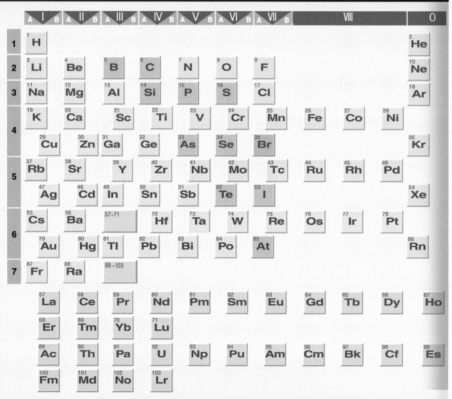

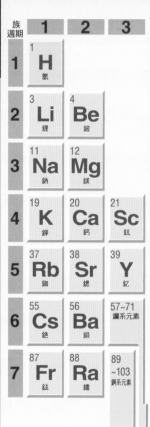

仕的週期表亚个是當時門得列夫所製作的週期表。隨著新元素的發現，週期表也經過了各式各樣的改良。

比方說，在1890年代，氦、氬等元素陸續被發現。這些元素和當時已知元素的性質大相逕庭，甚至有學者表示「門得列夫的週期表是錯的」。

然而，在週期表中加入新的縱行（族），便能將這些元素納入週期表，而且無需改變門得列夫週期表的基本架構。之後，有更多新元素陸續被發現，也一一納入了週期表裡。目前為止，找到的元素共有118種。

現在的週期表 繼左方的短週期表之後，最終構成了現在的週期表（下圖）。目前的國際標準是以第1～18族、第1～7週期排列而成的長週期表為準。元素是按照「原子序」依序排列。

非金屬：氣態
液態
固態
金屬：液態
固態
鑭系元素
錒系元素

有名稱的「元素組別」

鹼金屬：H 以外的第 1 族
鹼土金屬：第 2 族
鹵素：第 17 族
稀有氣體：第 18 族

註：109號以後的元素，化學性質仍不詳。

4	5	6	7	8	9	10	11	12	13	14	15	16	17	18
														2 He 氦
									5 B 硼	6 C 碳	7 N 氮	8 O 氧	9 F 氟	10 Ne 氖
									13 Al 鋁	14 Si 矽	15 P 磷	16 S 硫	17 Cl 氯	18 Ar 氬
22 Ti 鈦	23 V 釩	24 Cr 鉻	25 Mn 錳	26 Fe 鐵	27 Co 鈷	28 Ni 鎳	29 Cu 銅	30 Zn 鋅	31 Ga 鎵	32 Ge 鍺	33 As 砷	34 Se 硒	35 Br 溴	36 Kr 氪
40 Zr 鋯	41 Nb 鈮	42 Mo 鉬	43 Tc 鎝	44 Ru 釕	45 Rh 銠	46 Pd 鈀	47 Ag 銀	48 Cd 鎘	49 In 銦	50 Sn 錫	51 Sb 銻	52 Te 碲	53 I 碘	54 Xe 氙
72 Hf 鉿	73 Ta 鉭	74 W 鎢	75 Re 錸	76 Os 鋨	77 Ir 銥	78 Pt 鉑	79 Au 金	80 Hg 汞	81 Tl 鉈	82 Pb 鉛	83 Bi 鉍	84 Po 釙	85 At 砹	86 Rn 氡
104 Rf 鑪	105 Db 𨧀	106 Sg 𨭎	107 Bh 𨨏	108 Hs 𨭆	109 Mt 䥑	110 Ds 鐽	111 Rg 錀	112 Cn 鎶	113 Nh 鉨	114 Fl 鈇	115 Mc 鏌	116 Lv 鉝	117 Ts 鿬	118 Og 鿫

57 La 鑭	58 Ce 鈰	59 Pr 鐠	60 Nd 釹	61 Pm 鉕	62 Sm 釤	63 Eu 銪	64 Gd 釓	65 Tb 鋱	66 Dy 鏑	67 Ho 鈥	68 Er 鉺	69 Tm 銩	70 Yb 鐿	71 Lu 鎦
89 Ac 錒	90 Th 釷	91 Pa 鏷	92 U 鈾	93 Np 錼	94 Pu 鈽	95 Am 鋂	96 Cm 鋦	97 Bk 鉳	98 Cf 鉲	99 Es 鑀	100 Fm 鐨	101 Md 鍆	102 No 鍩	103 Lr 鐒

元素在週期表中是依照什麼順序排列？

「原子序」是指質子的數量

在目前的週期表中，元素是按照質子數依序排列。原子中心有「原子核」（atomic nucleus），原子核由「質子」（proton）和「中子」（neutron）集合而成，其周圍環繞著「電子」（electron）。原子的質子數和電子數相同。質子數會依元素而異，又稱為「原子序」。

質子數依照各個元素而遞增。因此，如果以原子序為基準來排列元素，就可以清楚知道在已發現的元素

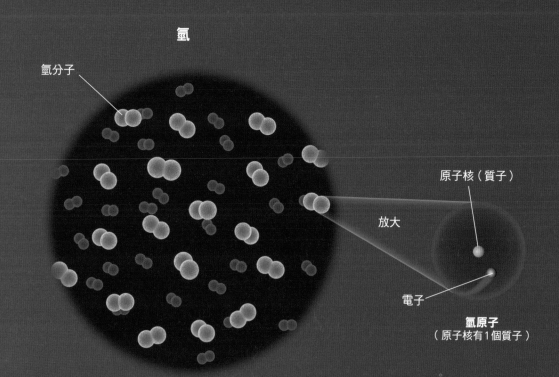

氫

氫分子

原子核（質子）

放大

電子

氫原子
（原子核有1個質子）

之間是否還有未找到的元素，亦可知
其數量多寡。

原子擁有固定的質子數

每個原子種類（元素）的質子數皆固定不變，這
就是所謂的原子序。舉例來說，氫原子有 1 個
質子，氧原子有 8 個質子。在週期表中，元素按
照原子序依序排列。

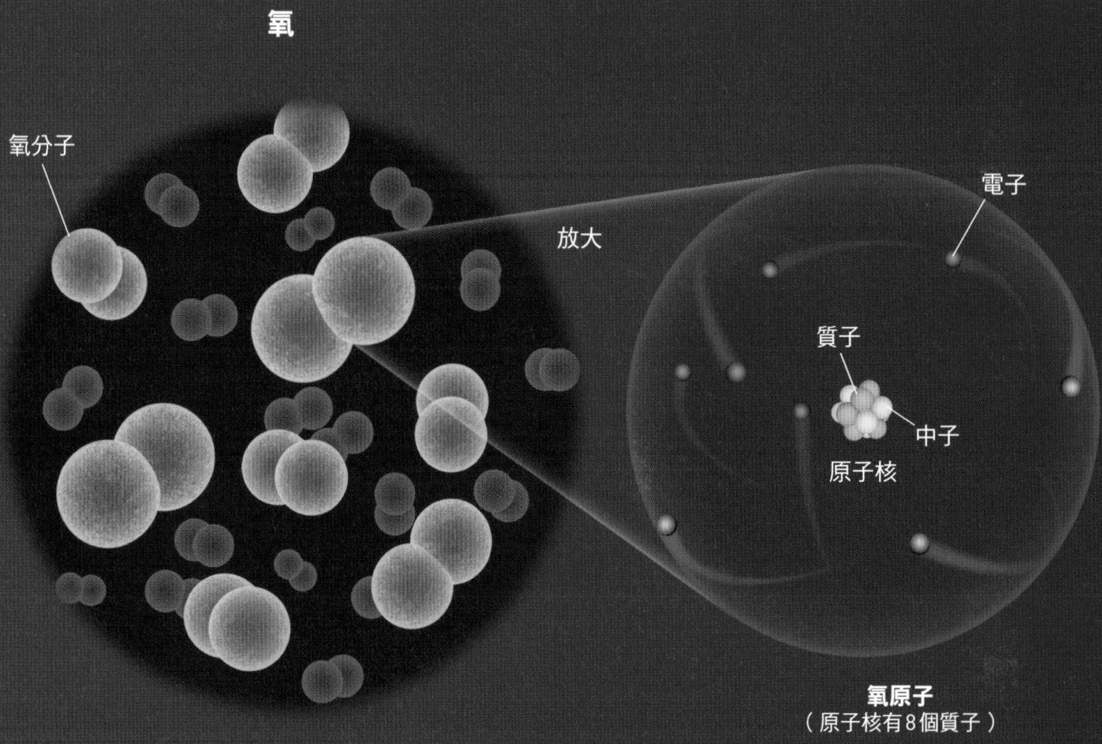

氧

氧分子

放大

電子

質子

中子

原子核

氧原子
（原子核有8個質子）

原子會隨著週期表的原子序增加而變大嗎？

隨著質子增加，原子也有可能變小？

觀察原子的大小

右頁是以柱體高度來表示原子半徑的週期表。觀察橫列後會發現，即使原子序（即電子數）增加，原子也不一定會變大。然而，其質量會隨著原子序而增加。（參考資料：《化學便覽改訂5版》）

鋰原子（Li，原子序3）

5.07
（設氫原子大小
為1時的大小）

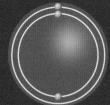

鈹原子（Be，原子序4）

3.70
（設氫原子大小
為1時的大小）

原子的大小看似會隨著質子數（原子序）增加而變大。實際調查原子大小之後，結果又是如何呢（左頁下方）？試著排列相同週期（橫列）的元素，可以發現即使原子序變大，原子也不一定會跟著變大。這又是為什麼呢？

原子核的大小僅占整個原子的10萬分之1。原子的大小幾乎取決於電子。質子數和電子數相同，所以當原子序變大時，電子數也會增加。那

麼，照理來說原子應該也會變大才對，但實際上卻不然。質子帶正電，電子帶負電。電子數增加多少，質子數也會增加多少，導致原子核吸引電子的力量變強，使整個原子的體積可能因此縮小。

此外，根據電子的位置，來自原子核的電力影響也會有所改變。

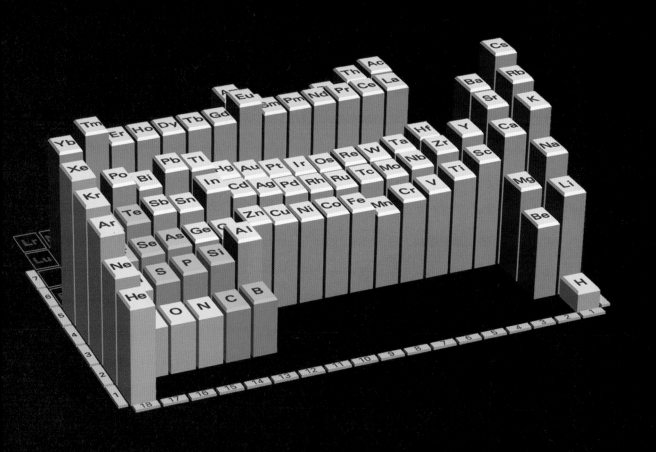

為何原子量「不是整數」？

即使是相同的元素也有質量不同的原子

從空氣中分離
出來的氖氣

所有原子都是由質子、中子和電子這3種粒子構成。

舉例來說，氖（Ne）原子是由10個質子、10個中子和10個電子構成。在考慮原子的質量「原子量」時，由於電子的質量小到可以忽略不計，故原子的質量幾乎等於原子核的質量。質子和中子的質量幾乎相同，所以假設1個質子（或中子）的質量為「1」時，便可推測氖原子的質量為「20」。

話雖如此，實際測量氖的原子量會發現並非如此剛好的數字。週期表上氖的原子量也記載著「20.18」這樣不成整數的數值。

原子量不是整數的原因在於，各種原子存在著同位素（isotope）。所謂的同位素，是指具有相同質子數，但中子數不同的原子。中子數不同就會造成原子的質量有所差異。

自然界中的氖包含3種質量的原子

將氖原子依質量分別排列後如右圖所示。質量數（mass number，質子和中子的總數）為20的原子約占整體9成，其餘則是質量僅有些微差異的2種原子（同位素）。將這些原子的占比差異（豐度，natural abundance）納入考量，計算出氖原子質量的平均值，即為氖的原子量（20.18）。

將原子依質量分別排列

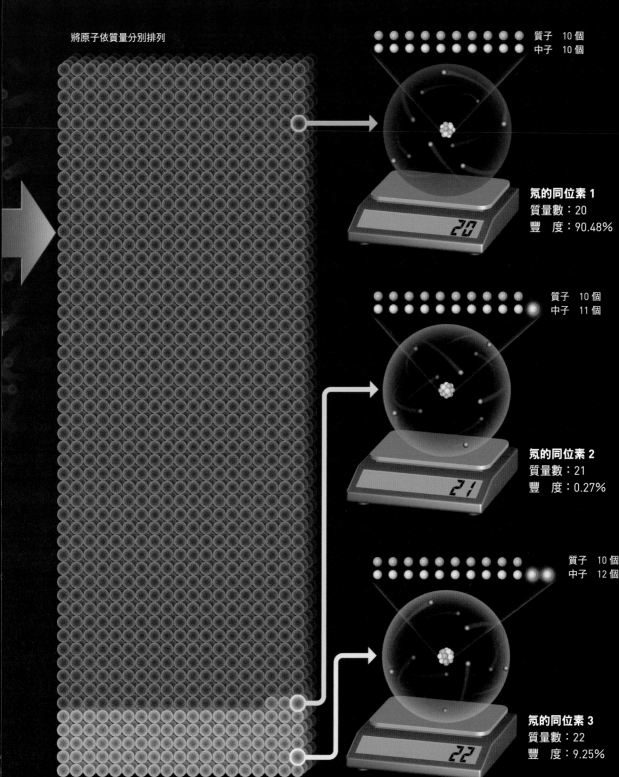

質子 10 個
中子 10 個

氖的同位素 1
質量數：20
豐　度：90.48%

質子 10 個
中子 11 個

氖的同位素 2
質量數：21
豐　度：0.27%

質子 10 個
中子 12 個

氖的同位素 3
質量數：22
豐　度：9.25%

元素和原子有何不同？

元 素的定義為「無法再加以分割的單純物質」。然而，要明確區分元素和原子之間的差異極為困難。為了理解兩者有何差別，本單元將食鹽水分解成各種成分來講解。

食鹽水顧名思義就是鹽和水的混合物。除去食鹽水中的鹽，便能得到水。對水通電，又能進一步分解成氧

持續分解物質可得到元素

分離食鹽水（混合物）得到的鹽和水，都是由 2 種原子構成的化合物。分解水得到的氧和氫，是分別由 1 種原子構成的物質（單質，simple substance）。氧、氫無法再繼續分解成其他種類的物質，因此可稱之為元素。

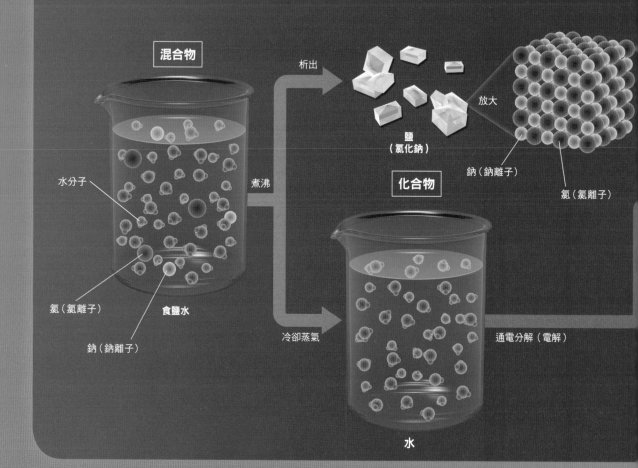

混合物

析出

鹽（氯化鈉）

放大

鈉（鈉離子）

氯（氯離子）

水分子

化合物

煮沸

氯（氯離子）

食鹽水

鈉（鈉離子）

冷卻蒸氣

通電分解（電解）

水

和氫。氧和氫無法再繼續分解成其他
物質，也就是說，氧和氫是元素。

　　由於水能分解成氧和氫，因此可以
說水是由氧、氫這 2 種元素所構成。
水是 2 個氫原子和 1 個氧原子構成的
水分子（H_2O）集合。將水拆解成原
子來看，可知水是由氧原子、氫原子
這 2 種原子所組成。換言之，元素也

代表「原子種類」。

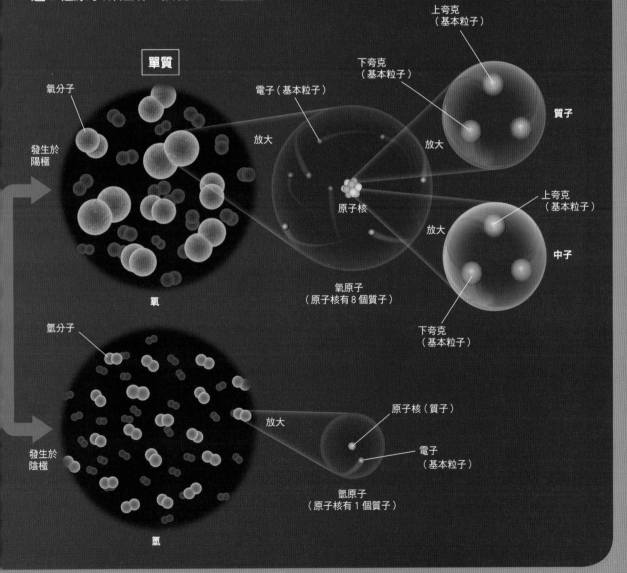

單質

氧分子

發生於
陽極

氧

電子（基本粒子）

放大

原子核

放大

下夸克
（基本粒子）

上夸克
（基本粒子）

質子

放大

放大

上夸克
（基本粒子）

中子

下夸克
（基本粒子）

氧原子
（原子核有 8 個質子）

氫分子

放大

發生於
陰極

氫

原子核（質子）

電子
（基本粒子）

氫原子
（原子核有 1 個質子）

最早誕生的元素？

首先誕生的是氫、氦、鋰

所有元素當中，最早誕生於這個世界的元素是哪一個呢？概略而言，是從原子序較小的元素開始一個個形成的。

　　宇宙誕生後，首先形成了質子與中子。質子是氫（原子序 1）的原子核。之後，質子和中子結合，再形成氦（原子序 2）、鋰（原子序 3）等輕元素的原子核。

　　宇宙誕生後經過了大約38萬年，帶負電的電子被帶正電的質子捕獲。像這樣由 1 個質子和 1 個電子結合而成的物質就是氫原子。同樣地，氦原子核捕獲電子形成了氦原子，鋰原子核捕獲電子也使鋰原子因而誕生。

質子與中子的誕生

宇宙誕生後經過約0.0001秒，質子和中子形成。1 個質子就是氫的原子核，因此也可以視為同時誕生出氫的原子核。

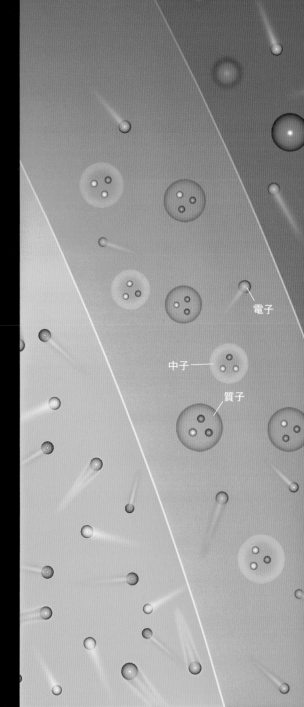

電子

中子

質子

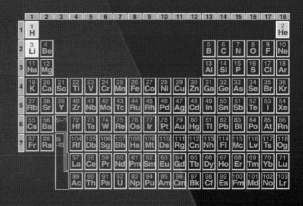

氦原子核的誕生

宇宙誕生後經過約 3 分鐘，
由質子和中子構成的氦原子
核誕生。

電子

質子　　　　　　中子

由 1 個質子和 1 個中子構成。

電子

質子

中子

氦原子核的誕生

由 2 個質子和 2 個
中子構成。

原子的誕生

宇宙誕生後經過約38萬年，
電子被質子捕獲，最輕的氫
原子誕生。

質子

電子

氫原子的誕生

由 1 個質子和 2 個中子構成。

氦原子的誕生

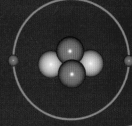

重元素如何產生？

星體的大爆炸
促使重元素誕生

1. 碳的誕生

在恆星內，以氫為原料發生核融合反應可產生氦。當星體的中心只剩下氦時，氦進行核融合反應會產生碳。

宇宙誕生後又經過數億年，由氫等氣體聚集而成的恆星誕生。在質量和太陽相近的恆星內，原子核會相互結合（核融合反應，nuclear fusion reaction），進而形成碳原子核。此外，在重達太陽10倍以上的恆星內，核融合反應反覆發生，如鐵那麼重的元素因此誕生。

等到這些恆星壽命將盡之時，終將引發超新星爆炸（supernova explosion）。此時，在恆星內形成的元素被拋撒至宇宙空間，透過爆炸時的能量所引發的反應，有可能合成出比鐵更重的元素。

一般認為，比鐵更重的元素可能是經由中子星（neutron star，由中子組成的高密度星體）互相結合而誕生，而這些元素又能作為新星體誕生所需的原料。

星體反覆地誕生與死亡，使宇宙中累積了各式各樣的元素。

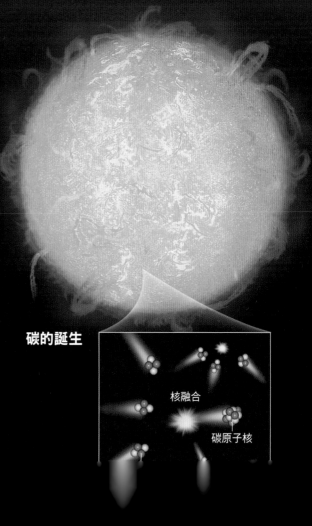

恆星

碳的誕生

核融合

碳原子核

2. 到鐵為止的重元素陸續誕生

在重達太陽10倍以上的星體內，碳進一步和氧、氖、矽、鐵進行核融合反應，形成重元素集中在中心的洋蔥狀結構。

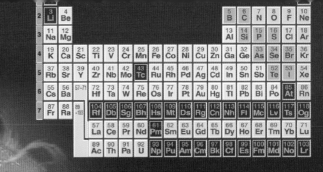

氫

碳氧

氦

矽硫

鐵

氧氖鎂

恆星

分層厚度與實際情況有所差異

超新星爆炸

3. 金等更重的元素誕生

較重的星體壽命結束時，會發生「超新星爆炸」。一般認為，該爆炸會促使由鐵到鈾的重元素合成。此外，在星體內部形成的元素也因為爆炸而被拋撒至宇宙空間。

地球上哪種元素最多？

無論在地殼還是海洋，氧都是最多的元素

宇宙誕生後經過約91億年，太陽及其行星地球接著誕生。觀察太陽含有的元素，可知氫約占71%、氦約占27%，據說這和整個宇宙的元素比例幾乎相同。

那麼，地球的元素比例又是如何呢？首先來看看位於地球表面的「地殼」（右圖）所含的元素吧！氧的比例最高，其次是矽、鋁等金屬元素，這是因為構成地殼的岩石主要由矽和鋁的氧化物所組成。

而海洋中的元素也是氧占了絕大多數，其次是氫、氯、鈉。現在的海水基本上是溶有鹽的水。鹽的主要成分是「氯化鈉」，由氯離子和鈉離子結合而成，因此這些元素的含量當然會比較多（之後會介紹）。

地球的地殼及海洋所含的元素

圖為地球的內部結構，右頁下方圓餅圖表示地殼及海洋所含的元素比例。地球的中心有以鐵為主要成分的「內核」，因此若將整個地球都納入考量的話，則含量最多的元素是鐵。

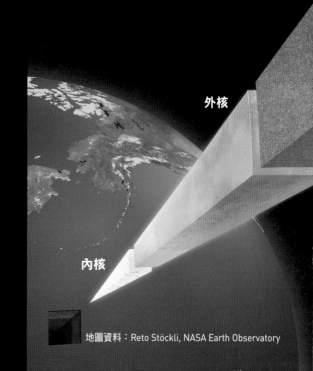

外核

內核

地圖資料：Reto Stöckli, NASA Earth Observatory

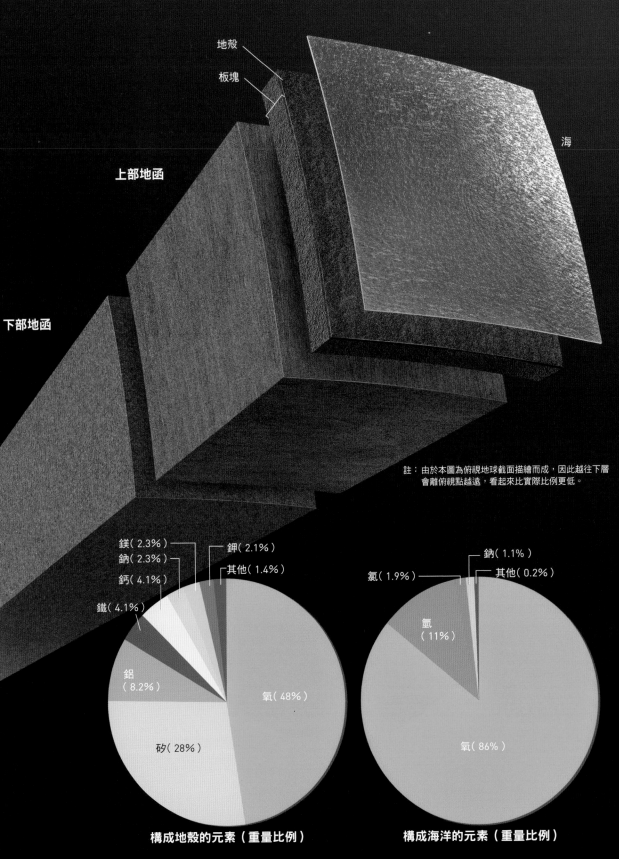

地殼

板塊

海

上部地函

下部地函

註：由於本圖為俯視地球截面描繪而成，因此越往下層
會離俯視點越遠，看起來比實際比例更低。

鎂（2.3%）
鈉（2.3%）
鈣（4.1%）
鐵（4.1%）

鉀（2.1%）
其他（1.4%）

鋁
（8.2%）

氧（48%）

矽（28%）

氯（1.9%）

鈉（1.1%）
其他（0.2%）

氫
（11%）

氧（86%）

構成地殼的元素（重量比例）

構成海洋的元素（重量比例）

人體是由
哪些元素構成？

人體內含量極少
但不可或缺的元素

接 著，來看看構成我們人體的元素吧！

我們的體重約有65%是氧。因為水占了人體的70%左右，而氧正是水的原料之一。此外，氧也能用於製造身體的蛋白質和DNA等。再者，肺部吸收的氧會溶於血液中，並運送至全身各處的細胞。

繼氧之後的元素是碳、氫和氮，這些元素也是蛋白質、DNA等建構身體的物質原料。再來就是骨骼的成分

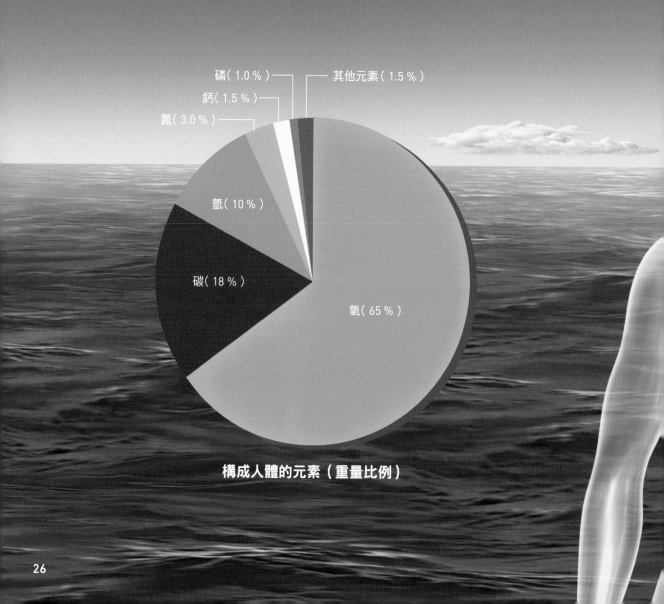

磷（ 1.0 % ）
其他元素（ 1.5 % ）
鈣（ 1.5 % ）
氮（ 3.0 % ）
氫（ 10 % ）
碳（ 18 % ）
氧（ 65 % ）

構成人體的元素（重量比例）

鈣，以及作為DNA成分的磷。

　　另一方面，人體內亦有含量雖少但可維持身體正常運作的必要元素，像是鐵、鋅這類金屬元素。鐵主要是在運送氧的紅血球中，作為與氧結合的部分蛋白質。

構成人體的元素

左頁圖為顯示人體所含元素之比例的圓餅圖。光是占比前6名的元素就占了體重的98%以上。然而，人體內含有各種元素，若缺少其中23種元素恐會引起生理功能障礙。

Coffee Break

我們體內原子的宏偉故事

如前所述，氫、氦、鋰這些原子緊接在宇宙誕生後形成，而其他原子則是透過後來在恆星內部的核融合反應以及「超新星爆炸」等現象而生。

換句話說，構築我們身體的原子可以追溯到來自某星體，或是說自宇宙誕生以來便持續存在了138億年。

我們體內的原子歷經了難以想像的宏偉過程，如今成了人體的一部分。這樣一想，是不是多少有種不可思議的感覺呢？

圖為NASA（美國航太總署）的哈伯太空望遠鏡所拍攝的「蟹狀星雲」（Crab nebula）。蟹狀星雲是超新星爆炸後留下的殘骸。我們體內的原子應該也「體驗」過如此雄偉的現象吧！

決定元素性質的 「電子」位在何處？

位於原子核周圍，且分布在 「個數固定」的電子殼層上

氯（Cl）的原子

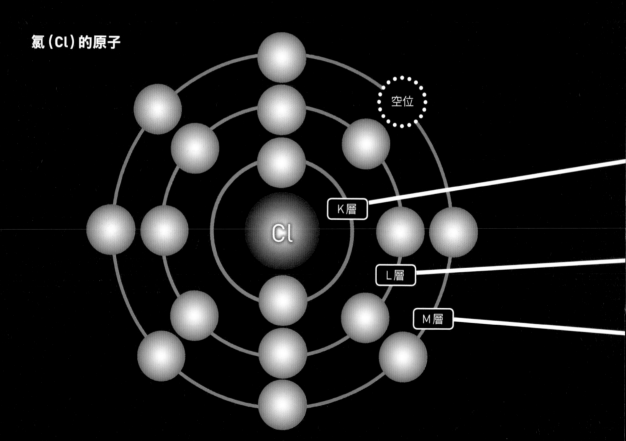

上圖為氯（Cl，原子序17）的電子組態。中央的球體代表原子核，原子核的周圍有17個電子（藍色球體）。
電子會由內而外填入原子核周圍的電子殼層。

元素在宇宙中誕生，並構成地球、人體等一切事物。目前為止，總共發現了118種元素。元素的性質取決於電子。接下來就把重點放在電子，來看看週期表吧。

電子不會在原子核周圍自由移動，而是分布於原子核周圍的「電子殼層」（electronic shell）（如圖）。電子殼層的名稱依照離原子核由近至遠，分別是K層、L層、M層、N層……。電子基本上會先進入內層的電子殼層，而且各殼層所能容納的電子數（最多個數）是固定的，越往外層則數量越多。

電子數依元素不同而有所差異，也就是說，電子會進到哪個電子殼層是取決於元素。電子進入的最外層電子殼層稱為「最外電子殼層」（outermost electronic shell）。

氯（Cl）的電子

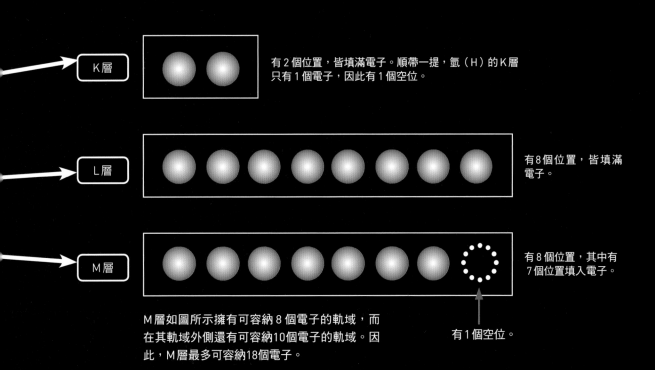

K層
有2個位置，皆填滿電子。順帶一提，氫（H）的K層只有1個電子，因此有1個空位。

L層
有8個位置，皆填滿電子。

M層
有8個位置，其中有7個位置填入電子。

有1個空位。

M層如圖所示擁有可容納8個電子的軌域，而在其軌域外側還有可容納10個電子的軌域。因此，M層最多可容納18個電子。

「橫列」的元素有共同點！

最外電子殼層相同的元素

那麼,先把焦點放在原子的最外殼層,來觀察週期表中的橫列元素吧(如圖)!有沒有發現什麼共通點呢?

第 1 週期的元素其最外殼層都是 K 層。而第 2 週期、第 3 週期則分別排有最外殼層為 L 層、M 層的元素。

沒錯!同一週期(橫列)的元素都擁有相同的最外殼層。

第1週期

最外殼層為 K 層

1	2	3	4	5	6	7	8	9	10	11	12	13	14	15	16	17	18
1 H																	2 He
3 Li	4 Be											5 B	6 C	7 N	8 O	9 F	10 Ne
11 Na	12 Mg											13 Al	14 Si	15 P	16 S	17 Cl	18 Ar
19 K	20 Ca	21 Sc	22 Ti	23 V	24 Cr	25 Mn	26 Fe	27 Co	28 Ni	29 Cu	30 Zn	31 Ga	32 Ge	33 As	34 Se	35 Br	36 Kr
37 Rb	38 Sr	39 Y	40 Zr	41 Nb	42 Mo	43 Tc	44 Ru	45 Rh	46 Pd	47 Ag	48 Cd	49 In	50 Sn	51 Sb	52 Te	53 I	54 Xe
55 Cs	56 Ba	57~71	72 Hf	73 Ta	74 W	75 Re	76 Os	77 Ir	78 Pt	79 Au	80 Hg	81 Tl	82 Pb	83 Bi	84 Po	85 At	86 Rn
87 Fr	88 Ra	89~103	104 Rf	105 Db	106 Sg	107 Bh	108 Hs	109 Mt	110 Ds	111 Rg	112 Cn	113 Nh	114 Fl	115 Mc	116 Lv	117 Ts	118 Og

57 La	58 Ce	59 Pr	60 Nd	61 Pm	62 Sm	63 Eu	64 Gd	65 Tb	66 Dy	67 Ho	68 Er	69 Tm	70 Yb	71 Lu
89 Ac	90 Th	91 Pa	92 U	93 Np	94 Pu	95 Am	96 Cm	97 Bk	98 Cf	99 Es	100 Fm	101 Md	102 No	103 Lr

第18族

氦
He

第13族 **第14族** **第15族** **第16族** **第17族**

硼 B　　碳 C　　氮 N　　氧 O　　氟 F　　氖 Ne

鋁 Al　　矽 Si　　磷 P　　硫 S　　氯 Cl　　氬 Ar

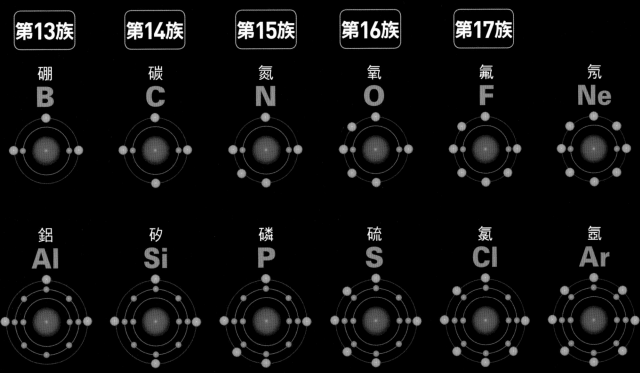

從週期表觀察元素的性質

「縱行」的元素有共同點！

最外殼層的電子數相同的元素

接著，來觀察週期表的縱行吧（如圖）！請注意最左方的第 1 族元素，每個元素最外殼層的電子數皆為 1 個。第 2 族元素的最外殼層電子數為 2 個，第13族元素為 3 個……由此可知，排列在同一族（縱行）的元素，其最外殼層的電子數基本上都是相同的。

之後還會詳細說明，不過同一族的元素通常具有相似的化學性質。換句話說，元素性質會受到最外殼層電子數極大的影響。

第1週期

第2週期

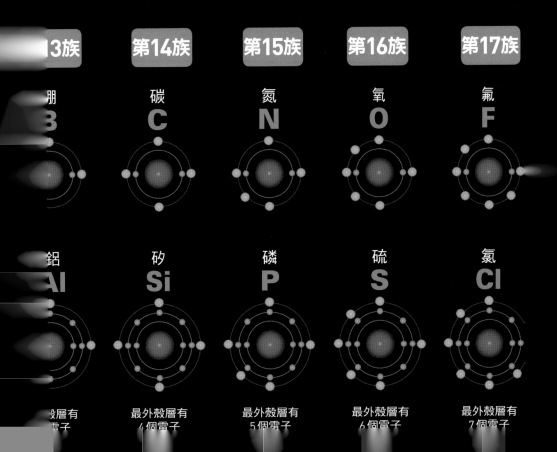

	1	2	3	4	5	6	7	8	9	10	11	12	13	14	15	16	17	18
1	1 H																	2 He
2	3 Li	4 Be											5 B	6 C	7 N	8 O	9 F	10 Ne
3	11 Na	12 Mg											13 Al	14 Si	15 P	16 S	17 Cl	18 Ar
4	19 K	20 Ca	21 Sc	22 Ti	23 V	24 Cr	25 Mn	26 Fe	27 Co	28 Ni	29 Cu	30 Zn	31 Ga	32 Ge	33 As	34 Se	35 Br	36 Kr
5	37 Rb	38 Sr	39 Y	40 Zr	41 Nb	42 Mo	43 Tc	44 Ru	45 Rh	46 Pd	47 Ag	48 Cd	49 In	50 Sn	51 Sb	52 Te	53 I	54 Xe
6	55 Cs	56 Ba	57~71	72 Hf	73 Ta	74 W	75 Re	76 Os	77 Ir	78 Pt	79 Au	80 Hg	81 Tl	82 Pb	83 Bi	84 Po	85 At	86 Rn
7	87 Fr	88 Ra	89~103	104 Rf	105 Db	106 Sg	107 Bh	108 Hs	109 Mt	110 Ds	111 Rg	112 Cn	113 Nh	114 Fl	115 Mc	116 Lv	117 Ts	118 Og

57 La	58 Ce	59 Pr	60 Nd	61 Pm	62 Sm	63 Eu	64 Gd	65 Tb	66 Dy	67 Ho	68 Er	69 Tm	70 Yb	71 Lu
89 Ac	90 Th	91 Pa	92 U	93 Np	94 Pu	95 Am	96 Cm	97 Bk	98 Cf	99 Es	100 Fm	101 Md	102 No	103 Lr

第13族 | **第14族** | **第15族** | **第16族** | **第17族**

硼	碳	氮	氧	氟
B	C	N	O	F

鋁	矽	磷	硫	氯
Al	Si	P	S	Cl

最外殼層有3個電子 | 最外殼層有4個電子 | 最外殼層有5個電子 | 最外殼層有6個電子 | 最外殼層有7個電子

第 1 族元素
個性剛烈？
亟欲釋放最外側的電子

接下來實際看看每一族的元素吧！首先是排列在週期表最左側的第 1 族元素，每個元素的最外殼層都只有 1 個電子。

除了氫以外的第 1 族元素，稱為「鹼金屬」（alkali metal）。這些元素的特徵是會產生劇烈反應。舉例來說，若把鈉放在濕潤的紙上就會產生烈焰，這是因為鈉原子釋放出最外殼層的 1 個電子給水。但為什麼鈉原子會釋放電子呢？

鋰（Li）
和水的反應和緩，不會起火。

鈉（Na）
若把鈉放在濕潤的紙上，使其和少量的水反應，就會爆發性起火並產生氫氣。鈉原子受熱時，會發出特有的黃色火焰。

其實，當電子殼層填滿電子時，會比處於有空位的狀態還要穩定。鈉原子的最外殼層僅有 1 個電子，是處於有空位的狀態。只要釋放這個電子，內側已填滿電子的電子殼層就會變成最外殼層，讓鈉原子的狀態變得更加穩定。鹼金屬元素容易將最外殼層的 1 個電子傳給其他原子，所以才會在短時間內發生劇烈反應。

反應劇烈的第 1 族元素

分別將鋰（Li）、鈉（Na）、鉀（K）金屬放在濕潤的紙上，金屬和水就會發生反應而變熱，甚至起火。在週期表越下方的元素，反應也越劇烈。

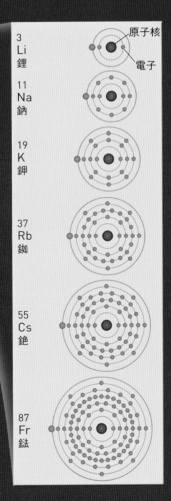

鉀（K）

會和水產生劇烈反應，並因為反應熱而熔化。產生的氫氣會在空氣中劇烈燃燒。鉀原子受熱時，會發出特有的紫色火焰。

從週期表觀察元素的性質

第14族元素製造了生命不可或缺的物質

用4隻「手」與各種原子結合

第 14族元素的最外殼層有 4 個電子。利用這 4 個電子，就可以和各式各樣的原子結合。

舉例來說，碳和氧結合可製造二氧化碳，而植物獲得能量時需要利用二氧化碳。此外，碳和氮等元素結合可製造胺基酸，而胺基酸是生物體蛋白質的原料之一。也就是說，碳對生命而言是不可或缺的存在，也是眾多物質的重要成分。再者，煤炭、石油等化石燃料或是奈米碳管（carbon

nanotube）等奈米科技，也都會應用
到碳。

　　同樣是第14族元素的矽，自古以來
也用於製作生活所需的玻璃和水泥。
近年來，矽則用於製作許多維持現代
生活的工業產品，像是半導體、太陽
能電池等。

有很多「手」的第14族元素

第14族元素的碳其最外殼層擁有 4 個電子，能
和各種原子結合。因此，碳可以製造對我們身
體及生活來說不可或缺的各種物質，或形成各
式各樣的晶體結構。

※：關於 114 號元素的化學性質仍不詳。

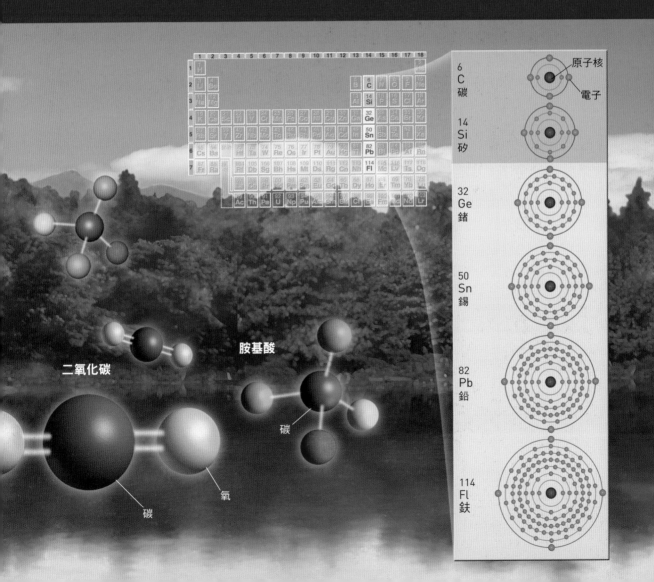

二氧化碳

胺基酸

碳

碳

氧

原子核

電子

6
C
碳

14
Si
矽

32
Ge
鍺

50
Sn
錫

82
Pb
鉛

114
Fl
鈇

個性溫和的第18族元素

狀態穩定，無須和電子互動

位於週期表最右側的第18族元素稱為「惰性氣體」（noble gas，又稱為稀有氣體）。惰性氣體元素的最外殼層填滿了電子，亦即處於穩定狀態。因此，該族元素並不需要為了保持穩定而接收或釋放電子，也就是幾乎不會和其他物質產生反應。

惰性氣體元素只需 1 個原子就能處於穩定狀態，因此不會像氫氣（H_2）那樣以 2 個原子相依的狀態存在，只要 1 個原子就能單獨存在。

惰性氣體不易產生反應的性質被廣泛運用在各方面。像是比空氣輕的氦即使靠近火源也不會燃燒，故常用於填充飛船、氣球等。此外，深海潛水所用的氣瓶混有氦和氬，則是考量到就算進入人體也不會和其他物質結合造成危害的優點。

深海潛水氣瓶

Ar

性質穩定的第18族元素

第18族元素的最外殼層填滿了電子，因此狀態相當穩定。由於無須和電子互動，故不易與其他原子產生反應，這樣的性質可廣泛運用在各種方面。

※：關於118號元素的化學性質仍不詳。

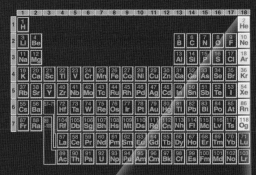

將氦靠近火源
也不會燃燒

He

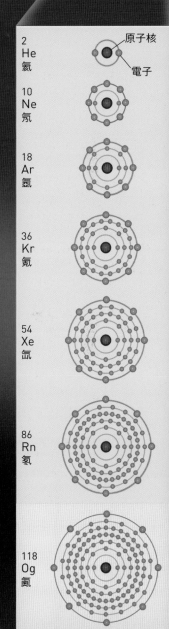

原子核

電子

2
He
氦

10
Ne
氖

18
Ar
氬

36
Kr
氪

54
Xe
氙

86
Rn
氡

118
Og
氫

個性相似的第3～11族元素

最外殼層有1～2個電子的元素

過渡元素的最外殼層電子數幾乎不會改變

圖為第 4 週期的過渡元素。第 4 週期的第1～2族元素會有 2 個電子在其他殼層仍有空位時，率先進入 N 層的某副殼層；而之後的第3～11族（過渡元素），電子會接著進入 M 層中仍有空位的副殼層。然而，最外殼層的電子數依舊維持1～2個。

過渡元素

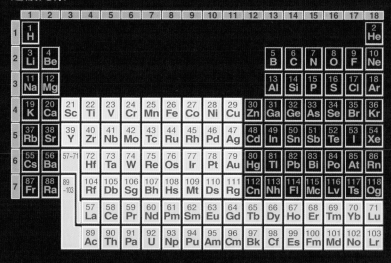

M層有9個空位。

₂₁ **Sc** 鈧
M層　　　N層

M層有8個空位。

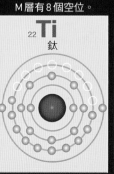
₂₂ **Ti** 鈦

M層有7個空位。

₂₃ **V** 釩

M層有5個空位。

₂₄ **Cr** 鉻

M層有5個空位。

₂₅ **Mn** 錳

最後，來觀察占據在週期表中央的第3～11族元素。第3～11族元素又稱為「過渡元素」（transition element）。每個過渡元素的電子數各有不同，但其最外殼層的電子數幾乎都是1～2個。這到底是為什麼呢？

讓我們來看看第4週期的過渡元素吧（如圖）！電子原本是按照由內而外的順序進入K、L、M、N層，但其實電子殼層還可以細分出「副殼層」（subshell）。在第4週期中，電子竟跳過了M層的某副殼層，反而先進入N層的某副殼層。等到電子填滿N層的該副殼層後，才接著進入有空位的M層副殼層。儘管如此，最外殼層N層的電子數都是1～2個。

過渡元素的最外殼層電子數幾乎都不會變動，因而擁有相似的性質。

了解更多！

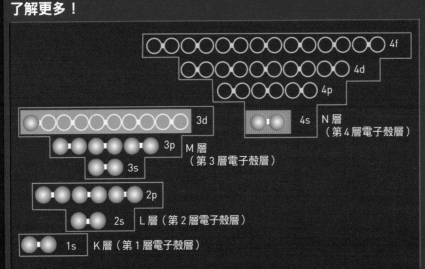

左圖為鈧（Sc）的電子組態。K層有「1s」，L層有「2s」、「2p」，M層有「3s」、「3p」、「3d」，N層有「4s」、「4p」、「4d」、「4f」這些副殼層。電子會從圖下方的空位開始填入，但是在填滿M層的3p軌域後，接下來反而會填入N層的4s軌域，而非同層的M層3d軌域。就像這樣，電子跳過內側而先進入外側的電子殼層，正是過渡元素的特徵。

M層有4個空位。　M層有3個空位。　M層有2個空位。　M層沒有空位。

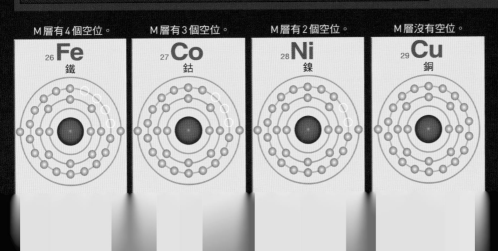

26 Fe 鐵　　27 Co 鈷　　28 Ni 鎳　　29 Cu 銅

Column

Coffee Break

原子的真實樣貌為何？

說到原子的樣貌，我們的腦海中常會率先浮現原子核四周圍繞著電子的景象。然而，其實那只是原子典型的示意圖，並未展現原子真正的樣貌。

那麼，原子究竟是什麼模樣？右圖是以量子力學為根據繪製而成。如雲般朦朧擴散的電子（電子雲，electron cloud）包圍著位於中心的原子核，雲層較濃厚的部分代表電子「存在機率」較高的地方。電子並不是自由分布在原子核的周圍，而是分別存在於特定的區域。在量子力學中，電子分別存在於名為「電子軌域」（electron orbit）的區域內。電子軌域有多種形式，並有s軌域、p軌域、d軌域等名稱。多個電子軌域相互重疊，使原子整體形成1個大型球狀雲。

s 軌域的範例

d 軌域的範例

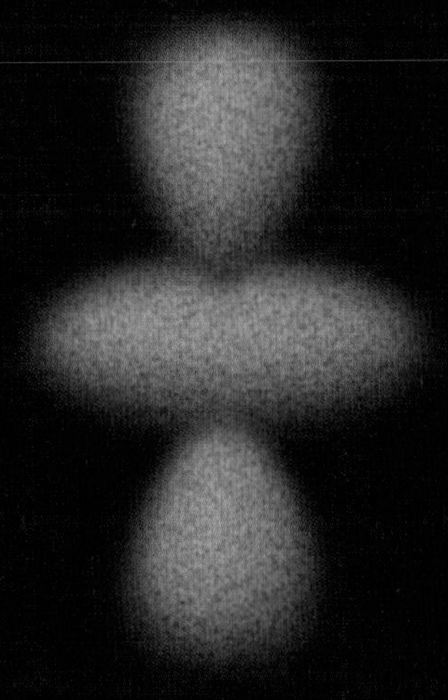

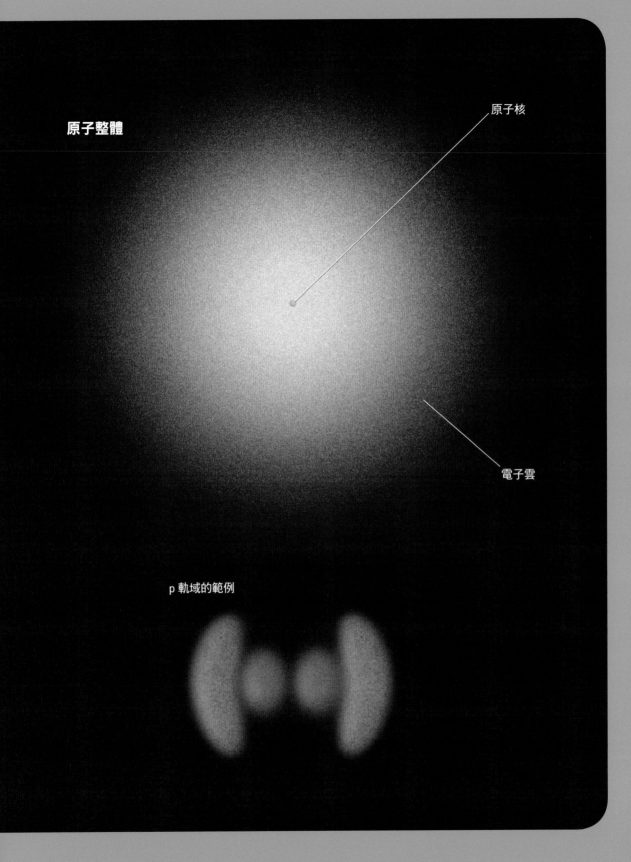

原子整體

原子核

電子雲

p 軌域的範例

失去電子，變成「陽離子」！

帶正電的元素

原子屬於電中性，然而有時也會無法保持中性。食鹽的主要成分「氯化鈉」是由「鈉離子」和「氯離子」結合而成。

鈉離子是鈉原子釋放 1 個電子後的模樣。原子在失去電子之後，就會變成帶正電的粒子，稱為「陽離子」（cation）。

不過，鈉原子為什麼會放出 1 個電子呢？這是因為釋放電子後，原子會變得更穩定。當原子的某特定電子軌

鈉原子（Na）

電　子：11 個
質　子：11 個
中　子：12 個

在鈉原子中，帶 1 個負電的電子有11個，帶 1 個正電的質子亦有11個，故鈉原子呈電中性。

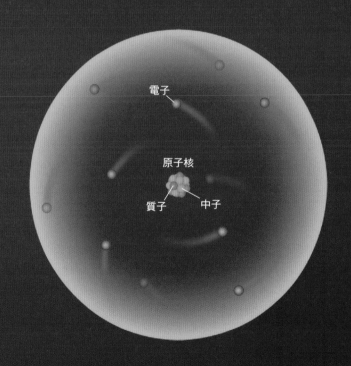

電子

原子核

質子　　中子

域（副殼層）填滿電子，就會處於比較穩定的狀態。而鈉原子最外側的軌域只有 1 個電子，其他都是空位。只要釋放該電子，就可以使內側軌域填滿電子，讓原子變得更穩定。

**鈉原子為了變得穩定
而釋放電子**

鈉原子有11個電子。相對於此，鈉離子僅有10個電子。當鈉原子釋放最外側軌域上的電子，即可變成穩定的鈉離子。

鈉離子（Na⁺）

電 子	：10個
質 子	：11個
中 子	：12個

在鈉離子中，帶 1 個負電的電子有10個，帶 1 個正電的質子有11個，故鈉離子帶 1 個正電。

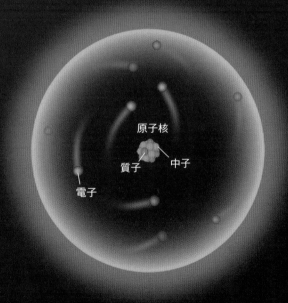

原子核
質子　　中子
電子

獲得電子，變成「陰離子」！

帶負電的元素

接 著來觀察氯離子是什麼樣的物質吧！氯離子是氯原子獲得 1 個電子後的模樣。原本呈電中性的原子在獲得電子之後，就會變成帶負電的粒子，稱為「陰離子」（anion）。

那麼，氯原子為什麼會傾向獲得電子呢？和鈉原子的情況相同，這是因為獲得電子後，原子會變得更穩定。氯原子最外側的軌域（副殼層）有 5 個電子，而該軌域最多可容納 6 個電子。也就是說，只要再填入 1 個電

氯原子（Cl）

電　子：17個
質　子：17個
中　子：18個

在氯原子中，帶 1 個負電的電子有17個，帶 1 個正電的質子亦有17個，故氯原子呈電中性。

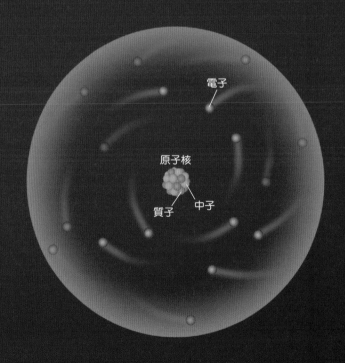

電子

原子核

質子　　中子

子，使軌域達到最大的容納數量，就
可以讓原子變得更穩定。

**氯原子為了變得穩定
而獲得電子**

氯原子有17個電子。相對於此，氯
離子有18個電子。當氯原子的最外
側軌域獲得電子，即可變成穩定的氯
離子。

氯離子 (Cl¯)　　電　子：18個
　　　　　　　　質　子：17個
　　　　　　　　中　子：18個

在氯離子中，帶 1 個負電的電子有
18個，帶 1 個正電的質子有17個，
故氯離子帶 1 個負電。

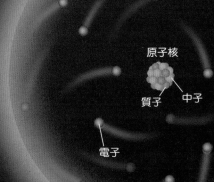

原子核

質子　中子

電子

同一族的元素
會變成相似的離子

最外殼層的電子會影響
轉變成離子的難易度

凡是同一族的元素，基本上其最外殼層的電子數皆相同。和鈉原子排在同一行的第 1 族元素，其最外殼層只有 1 個電子。因此，釋放該電子後會變成帶 1 個正電的陽離子。同樣地，第 2 族元素釋放在最外殼層的 2 個電子後，會變成帶 2 個正電的陽離子。

另一方面，和氯原子排在同一行的第17族元素，其最外殼層獲得 1 個電子後，會變成帶 1 個負電的陰離子；

族 週期	1	2	3	4	5	6	7	8	9
1	1 H								
2	3 Li	4 Be							
3	11 Na	12 Mg							
4	19 K	20 Ca	21 Sc	22 Ti	23 V	24 Cr	25 Mn	26 Fe	27 Co
5	37 Rb	38 Sr	39 Y	40 Zr	41 Nb	42 Mo	43 Tc	44 Ru	45 Rh
6	55 Cs	56 Ba	57~71	72 Hf	73 Ta	74 W	75 Re	76 Os	77 Ir
7	87 Fr	88 Ra	89~103	104 Rf	105 Db	106 Sg	107 Bh	108 Hs	109 Mt
				57 La	58 Ce	59 Pr	60 Nd	61 Pm	62 Sm
				89 Ac	90 Th	91 Pa	92 U	93 Np	94 Pu

第16族元素獲得 2 個電子後，會變成帶 2 個負電的陰離子；第15族元素獲得 3 個電子後，會變成帶 3 個負電的陰離子。而第18族元素則幾乎不會變成離子。如上所述，同一族的元素具有變成相似離子的傾向。

10	11	12	13	14	15	16	17	18
								2 He
			5 B	6 C	7 N	8 O	9 F	10 Ne
			13 Al	14 Si	15 P	16 S	17 Cl	18 Ar
28 Ni	29 Cu	30 Zn	31 Ga	32 Ge	33 As	34 Se	35 Br	36 Kr
46 Pd	47 Ag	48 Cd	49 In	50 Sn	51 Sb	52 Te	53 I	54 Xe
78 Pt	79 Au	80 Hg	81 Tl	82 Pb	83 Bi	84 Po	85 At	86 Rn
110 Ds	111 Rg	112 Cn	113 Nh	114 Fl	115 Mc	116 Lv	117 Ts	118 Og

63 Eu	64 Gd	65 Tb	66 Dy	67 Ho	68 Er	69 Tm	70 Yb	71 Lu

- ☐ 容易變成陽離子
- ☐ 可變成陽離子或陰離子，但都不容易
- ☐ 容易變成陰離子
- ☐ 不易變成離子

越靠左下方的元素越容易變成陽離子

同週期越往左、同族越往下的元素轉變成陽離子的傾向越強

第 1～13族元素具有容易轉變成陽離子的性質。那麼，在這些元素中，哪一個元素最容易轉變成陽離子呢？

右下方是以立體形式呈現的週期表。圖中以高度表示變成陽離子的難易度，高度越低代表該元素越容易轉變成陽離子。

試著比較同一週期（橫列）的元素吧！似乎越靠左方越有變低的傾向。再者，比較同一族（縱行）的元素，

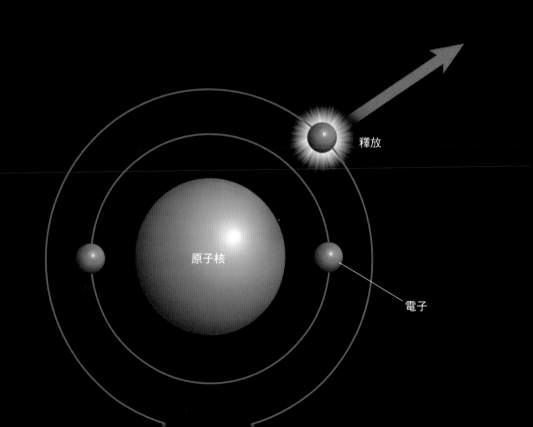

釋放

原子核

電子

可以發現越靠下方越有變低的傾向。也就是說，越靠近週期表左下方的元素，越容易變成陽離子。其中，銫（Cs）是特別容易轉變成陽離子的元素。

容易變成陽離子的元素

原子釋放 1 個電子所需的能量稱為「游離能」（ionization energy）。游離能越小的元素，越容易變成陽離子。下方的週期表顯示了各元素的游離能。

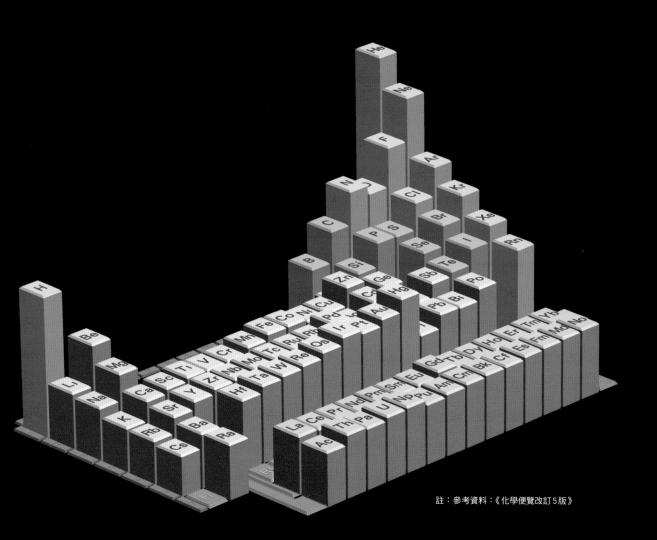

註：參考資料：《化學便覽改訂5版》

週期表與離子

越靠右上方的元素越容易變成陰離子

同週期越往右、同族越往上的
元素轉變成陰離子的傾向越強

那麼,哪一種元素容易變成陰離
子呢?

右下方的週期表中,以高度來表示
變成陰離子的難易度,高度越高代表
該元素越容易轉變成陰離子。

試著比較同一週期(橫列)的元素
吧!越靠右方越有變高的傾向。再比
較同一族(縱行)的元素,可以發現
越靠上方越有變高的傾向。也就是
說,除了第18族的元素之外,越靠近
週期表右上方的元素,越容易變成陰

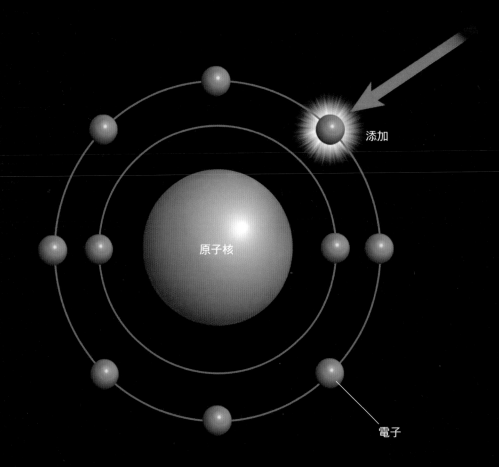

添加

原子核

電子

離子。其中，氯（Cl）、氟（F）是特別容易變成陰離子的元素。

容易變成陰離子的元素

原子獲得 1 個電子時釋放的能量稱為「電子親和力」（electron affinity）。電子親和力越大的元素，越容易變成陰離子。下方的週期表顯示了各元素的電子親和力。

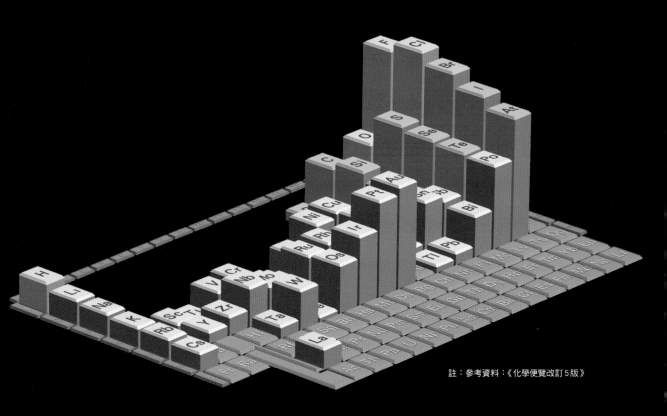

註：參考資料：《化學便覽改訂5版》

為什麼食鹽
會溶於水？

水會從結晶帶走
「意氣相投」的離子

食鹽溶解的原理

在氯化鈉的結晶表面上，鈉離子被 4 個水分子包圍而與結晶分離。另一方面，氯離子被 3 個水分子包圍而與結晶分離。

若 仔細觀察週期表，便能得知哪個元素容易變成哪種離子，甚至可以藉此來分析我們日常生活中的現象。

比方說，食鹽溶於水後就看不見了，是因為結合在一起的鈉離子和氯離子在水中散開來的緣故。使離子分開的正是水分子，水分子由 1 個氧原子和 2 個氫原子結合而成。

事實上，水分子帶有電：氧原子的部分帶有微弱的負電，氫原子的部分則帶有微弱的正電。因此，在氯化鈉的結晶表面上，鈉離子和水分子的氧原子因為電力互相吸引，造成鈉離子被水分子包圍而與結晶分離。另一方面，氯離子和水分子的氫原子因為電力互相吸引，使得氯離子也在水分子的包圍下離開結晶。

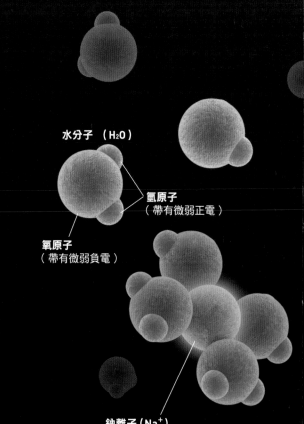

水分子 （H_2O）

氫原子
（帶有微弱正電）

氧原子
（帶有微弱負電）

鈉離子（Na^+）

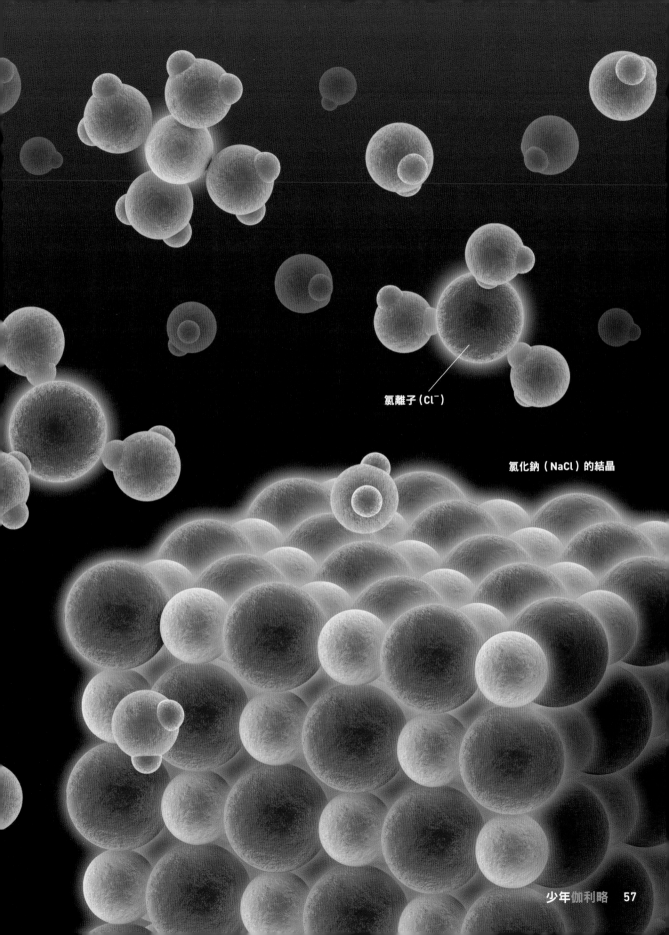

氯離子（Cl⁻）

氯化鈉（NaCl）的結晶

電池的原理
跟離子有關

在 乾電池、鈕扣電池等電池當中產生電流的物質正是離子。

若用導線連接 2 種金屬並放入電解液（溶有離子的液體）中，就能夠以金屬作為正、負電極，使電沿著導線流動，這就是電池的基本原理。

將金屬放進電解液中，金屬會釋放電子並成為陽離子。變成陽離子的難易度會依金屬而有所差異（如長條圖）。如果用導線連接鋅板和銅板再放入稀硫酸中，則容易變成陽離子的鋅會釋放電子成為鋅離子（Zn^{2+}）並溶於電解液中。而鋅板放出的電子會通過導線流向銅板，這種電子流動的過程即為電流。

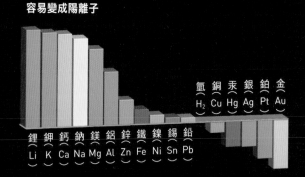

容易變成陽離子

氫 銅 汞 銀 鉑 金
H_2 Cu Hg Ag Pt Au

鋰 鉀 鈣 鈉 鎂 鋁 鋅 鐵 鎳 錫 鉛
Li K Ca Na Mg Al Zn Fe Ni Sn Pb

不易變成陽離子

金屬的離子化難易順序

按照變成陽離子的難易度將金屬依序排列，結果如上圖所示。越靠左方的金屬越容易變成陽離子。

伏特電池

伏特電池是以鋅板（Zn）為負極，
以銅板（Cu）為正極，並使用稀硫
酸（H_2SO_4）作為電解液的電池。

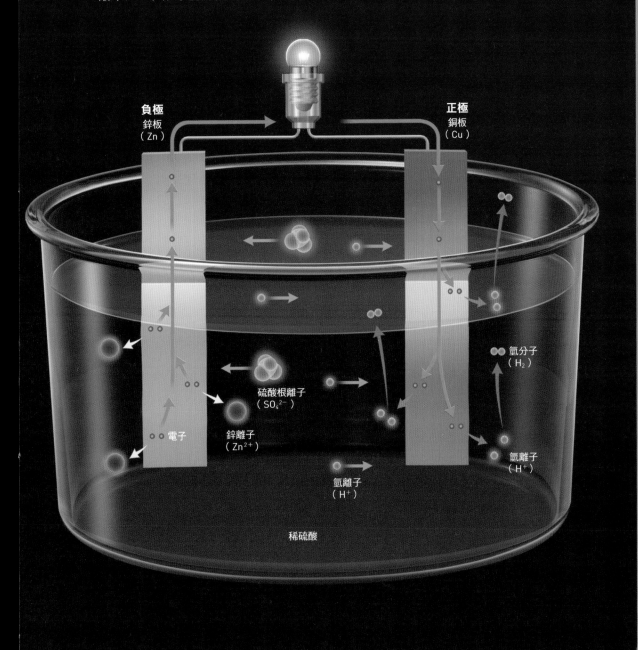

負極
鋅板
（Zn）

正極
銅板
（Cu）

硫酸根離子
（SO_4^{2-}）

電子

鋅離子
（Zn^{2+}）

氫分子
（H_2）

氫離子
（H^+）

氫離子
（H^+）

稀硫酸

金的原子排列
井然有序

「自由電子」是連接
原子的「黏著劑」

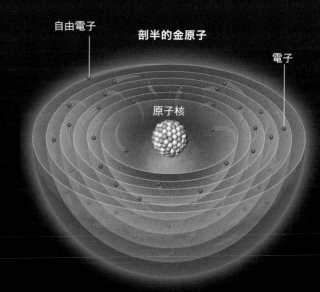

自由電子

剖半的金原子

電子

原子核

金 屬元素在週期表中占了絕大多數（如右下表）。接著，一起來看看金屬元素吧！

金、銅、鐵等金屬是由許多金屬原子規律地排列而成，而這些金屬原子是透過電子互相結合的。

金屬原子會釋放在外側軌域上的電子，使其變成「自由電子」（free electron）。自由電子可以在由原子相疊而成的電子殼層之間自由穿梭。

釋放電子的金屬原子帶正電。帶正電的金屬原子原本會互相排斥，但由於帶負電的自由電子在其縫隙之間移動，故可使其靠著電力彼此結合。

如上所述，金屬原子夾著自由電子互相結合的方式，就稱為「金屬鍵」（metallic bond）。

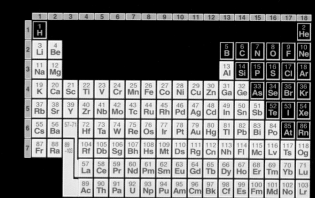

金原子釋放最外殼層的 1 個電子作為自由電子（如左頁上圖）。這些自由電子被夾在縫隙之間，使金原子彼此規律地結合。

金的晶體

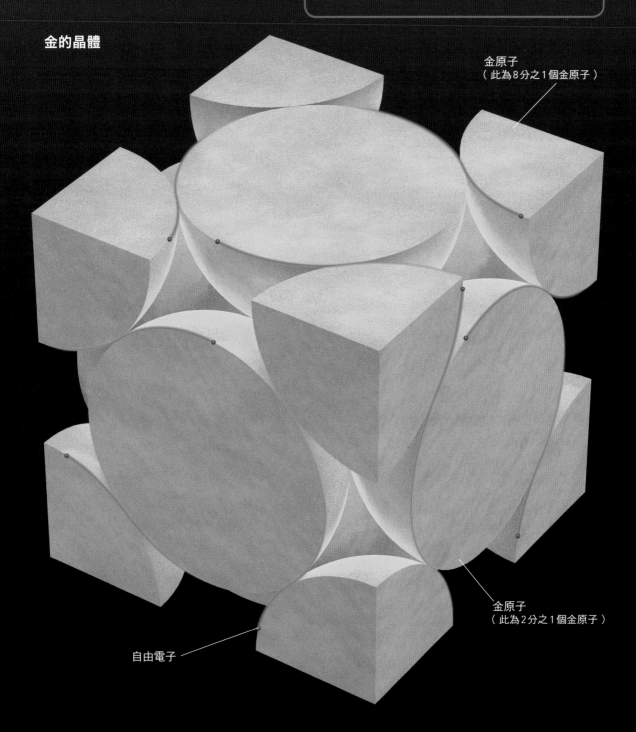

金原子
（此為8分之1個金原子）

金原子
（此為2分之1個金原子）

自由電子

為什麼金屬
看起來亮亮的？

自由電子產生的金屬光澤

金屬具有名為「金屬光澤」的獨特亮光。

金屬光澤是金屬的自由電子所產生的。當可見光抵達金屬時，金屬表面的自由電子會依照與可見光相同的頻率振動，暫時抵消可見光並阻擋其進入金屬內部。與此同時，自由電子會因為本身的振動而產生相同頻率的可見光，從金屬表面釋放（反射）出去。自由電子所產生的可見光，就是我們看見的金屬光澤。由於金屬對可見光的反射率夠高，故只要研磨其表面便可當作鏡子使用。

金屬光澤當中有如銀（Ag）一般的白光，也有如銅（Cu）一般的紅光，是因為自由電子能振動的最高速度會因金屬而有所差異，且內側電子的吸收程度也各不相同的緣故。舉例來說，金（Au）的內側電子會吸收藍色、綠色的可見光，因此呈現偏黃的顏色。

金的黃色光澤

當光抵達金的表面，金的自由電子會依照與光相同的頻率振動。金的自由電子抵消大部分可見光的同時，又會產生相同頻率的可見光並從表面釋放出去。不過，金的自由電子無法抵消或產生藍色和綠色的可見光，因此呈現偏黃的顏色。

註：圖中為了表現光澤感而將金原子上色。然而，金屬光澤源於自由電子的作用，所以實際上金原子本身並沒有光澤，而且原子本來就沒有顏色。

白色的
可見光

金的光

振動的自由電子

金原子

藍色和綠色
的可見光

自由電子

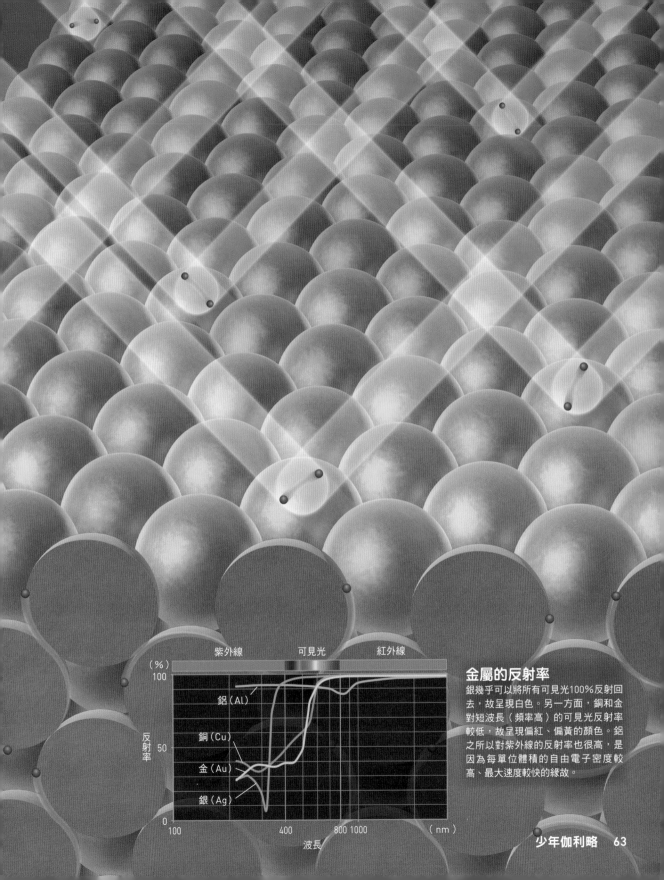

金屬的反射率

銀幾乎可以將所有可見光100%反射回去,故呈現白色。另一方面,銅和金對短波長(頻率高)的可見光反射率較低,故呈現偏紅、偏黃的顏色。鋁之所以對紫外線的反射率也很高,是因為每單位體積的自由電子密度較高、最大速度較快的緣故。

紫外線　　可見光　　紅外線

（%）
100

反射率
50

0

鋁（AL）
銅（Cu）
金（Au）
銀（Ag）

100　　　400　　800 1000　　（nm）
波長

為什麼金屬容易
導電或導熱？
關鍵在於自由電子

電透過金屬流動的機制

將通電的金放大觀察，可以發現金的自由電子由左往右地朝正極移動。當自由電子從負極往正極移動時，可視為電流從正極流向負極。

由左往右移動
的自由電子

金板

放大

金原子

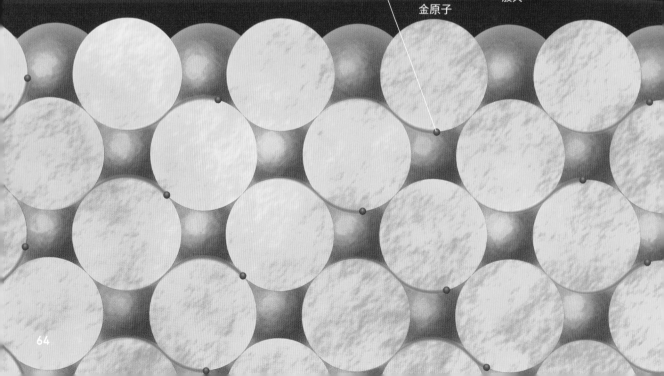

電線的材質通常含有銅、鉛等金屬。金屬容易導電，是因為具有自由電子的關係。與電池相連的導線中，金屬的自由電子會從負極往正極移動。所謂的電流，指的就是電子的流動。換句話說，自由電子流向正極就是電在流動的現象。

此外，金屬也很容易導熱。金屬容易導熱的性質也和自由電子有關。

對金屬加熱後，自由電子和金屬原子會吸收熱能，產生劇烈運動。熱可以說是粒子運動的劇烈程度。自由電子和金屬原子的劇烈運動，會陸續傳遞給周圍的自由電子和金屬原子，因而能有效率地導熱。

最容易導電和導熱的金屬是銀。銀的自由電子密度很高，所以導電、導熱的效率特別好。

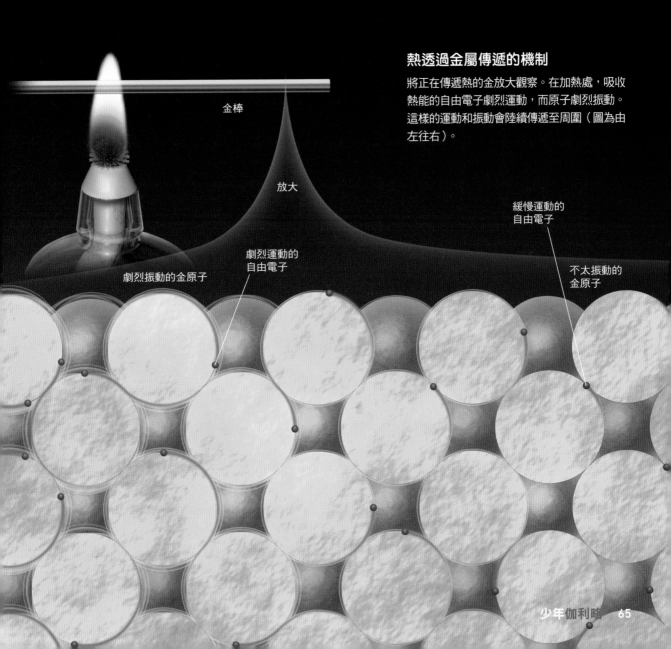

熱透過金屬傳遞的機制

將正在傳遞熱的金放大觀察。在加熱處，吸收熱能的自由電子劇烈運動，而原子劇烈振動。這樣的運動和振動會陸續傳遞至周圍（圖為由左往右）。

金棒

放大

緩慢運動的
自由電子

劇烈振動的金原子

劇烈運動的
自由電子

不太振動的
金原子

金屬能屈能伸的原因

支撐並防止金屬毀損的自由電子

金屬具有可變形的性質，因此可以將其輾薄或拉得又細又長。

金屬經過拉伸也不會破壞或斷裂，是因為金屬具有自由電子的緣故。就算對金屬施加外力，使金屬原子的位置關係改變，自由電子的移動仍會使金屬原子之間產生新的連結，因此金屬不易破壞或斷裂。

在金屬當中，除了金（Au）、銀（Ag）、銅（Cu）這類延展性佳的金屬之外，也有像鐵（Fe）、鈦（Ti）等不易延展的金屬。實際上，金屬的延展性取決於金屬的晶體結構（原子的排列方式）。金屬主要的晶體結構有 3 種：「面心立方晶格」（face-centered cubic lattice）、「體心立方晶格」（body-centered cubic lattice）以及「六方密積晶格」（hexagonal close-packed lattice）。其中延展性最好的是面心立方晶格，金、銀、銅等皆屬於此晶體結構，因此延展性佳。

金晶體的滑移（1～2）

即使對金施加外力也不易破損或斷裂，是因為金的晶體能夠滑動的緣故。在金的晶體中，當金原子的位置關係改變，自由電子就會立即移動，使金原子之間產生新的連結。

1. 滑移前的金晶體

金原子

2. 滑移後的金晶體

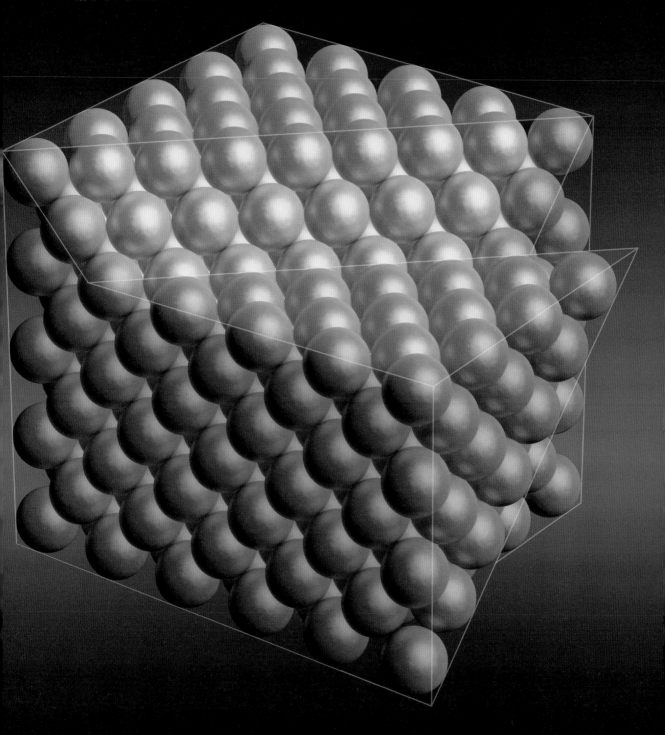

無論何種金屬都會受磁鐵吸引？

僅有極少數金屬
會被磁鐵吸引

一般人往往會以為金屬都具有受磁鐵吸引的性質。然而實際上，常溫（15～25℃）下會受磁鐵吸引的一般金屬只有鐵（Fe）、鈷（Co）、鎳（Ni）這3種。為什麼會有容易受磁鐵吸引的金屬、不受磁鐵吸引的金屬呢？

容易受磁鐵吸引的金屬，本身就是能變成強力磁鐵的金屬。舉例來說，拿磁鐵靠近鐵的話，被磁鐵靠近的鐵會暫時性地變成磁鐵，所以鐵才能夠吸附在磁鐵上。

被磁鐵靠近的鐵之所以會變成磁鐵，原因在於每個鐵原子都是具有N極和S極的磁鐵。通常在鐵的內部，鐵原子的N、S極方向僅在名為「磁域」（magnetic domain）的微小區域內才會相同，因此整個鐵不帶磁性。然而，當磁鐵靠近鐵時，會使鐵原子的N、S極方向完全一致，所以整個鐵就變成了帶有磁性的磁鐵。

1. 平常的鐵

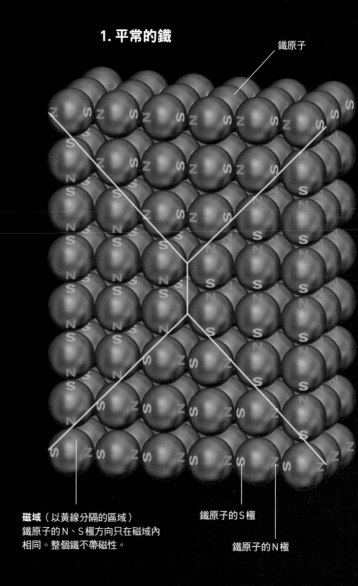

鐵原子

磁域（以黃線分隔的區域）
鐵原子的N、S極方向只在磁域內相同。整個鐵不帶磁性。

鐵原子的S極

鐵原子的N極

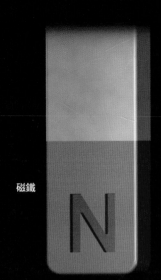

磁鐵

吸附磁鐵的鐵

每個鐵原子都是具有 N 極和 S 極的磁鐵。通常在鐵的內部，鐵原子的 N 極和 S 極方向只在磁域中才會相同（如左頁圖）。磁域中的磁性會相互抵消，因此整個鐵並不帶有磁性。然而，當磁鐵靠近鐵時，鐵原子的 N 極和 S 極方向會完全一致（如右頁圖），於是整個鐵就變成帶有磁性的磁鐵。如此一來，變成磁鐵的鐵就會吸附在磁鐵上了。

2. 當磁鐵靠近鐵時

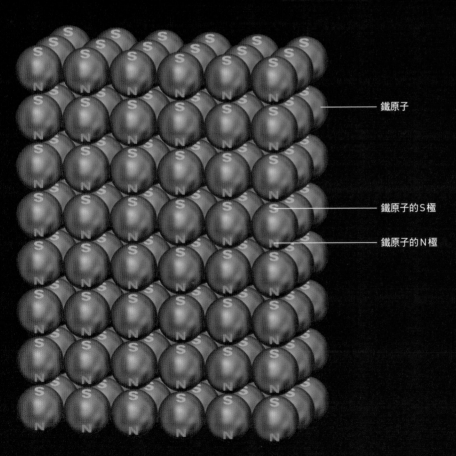

鐵原子

鐵原子的 S 極

鐵原子的 N 極

鐵原子的 S 極受到磁鐵的 N 極吸引，使鐵原子的 N、S 極方向變得一致。因此，整個鐵變成帶有磁性的磁鐵，會與磁鐵相吸。

何謂介於金屬與非金屬之間的「半導體」？

導電度不如金屬的元素

1	2	3	4	5	6	7	8	9	10	11
H [1] 氫										
Li [3] 鋰	Be [4] 鈹									
Na [11] 鈉	Mg [12] 鎂									
K [19] 鉀	Ca [20] 鈣	Sc [21] 鈧	Ti [22] 鈦	V [23] 釩	Cr [24] 鉻	Mn [25] 錳	Fe [26] 鐵	Co [27] 鈷	Ni [28] 鎳	Cu [29] 銅
Rb [37] 銣	Sr [38] 鍶	Y [39] 釔	Zr [40] 鋯	Nb [41] 鈮	Mo [42] 鉬	Tc [43] 鎝	Ru [44] 釕	Rh [45] 銠	Pd [46] 鈀	Ag [47] 銀
Cs [55] 銫	Ba [56] 鋇	57~71 鑭系元素	Hf [72] 鉿	Ta [73] 鉭	W [74] 鎢	Re [75] 錸	Os [76] 鋨	Ir [77] 銥	Pt [78] 鉑	Au [79] 金
Fr [87] 鍅	Ra [88] 鐳	89~103 錒系元素	Rf [104] 鑪	Db [105] 𨧀	Sg [106] 𨭎	Bh [107] 𨨏	Hs [108] 𨭆	Mt [109] 䥑	Ds [110] 鐽	Rg [111] 錀

7 週期

La [57] 鑭	Ce [58] 鈰	Pr [59] 鐠	Nd [60] 釹	Pm [61] 鉕	Sm [62] 釤	Eu [63] 銪	Gd [64] 釓
Ac [89] 錒	Th [90] 釷	Pa [91] 鏷	U [92] 鈾	Np [93] 錼	Pu [94] 鈽	Am [95] 鋂	Cm [96] 鋦

下方的週期表中，是以導電的難易度為基準來區分元素。金屬典型的性質為「具有獨特光澤，容易導電、導熱，可以輾薄或拉長」。以此基準來判斷的話，鍺（Ge）應歸類為金屬元素。

然而，若以導電度為基準的話又如何呢？鍺不如金屬般導電。再者，相對於金屬溫度越低越容易導電，鍺反而是溫度越高越容易導電。具有這種性質的元素或化合物就稱為「半導體」（semiconductor）。

半導體和不導電的絕緣體同樣被歸類為非金屬。也就是說，若以導電度為基準，可將鍺歸類為非金屬。如上所述，應該將某元素歸類為金屬還是非金屬，會因為分類基準不同而有所差異。

12	13	14	15	16	17	18 族
						He² 氦
	B⁵ 硼	C⁶ 碳	N⁷ 氮	O⁸ 氧	F⁹ 氟	Ne¹⁰ 氖
	Al¹³ 鋁	Si¹⁴ 矽	P¹⁵ 磷	S¹⁶ 硫	Cl¹⁷ 氯	Ar¹⁸ 氬
Zn³⁰ 鋅	Ga³¹ 鎵	Ge³² 鍺	As³³ 砷	Se³⁴ 硒	Br³⁵ 溴	Kr³⁶ 氪
Cd⁴⁸ 鎘	In⁴⁹ 銦	Sn⁵⁰ 錫	Sb⁵¹ 銻	Te⁵² 碲	I⁵³ 碘	Xe⁵⁴ 氙
Hg⁸⁰ 汞	Tl⁸¹ 鉈	Pb⁸² 鉛	Bi⁸³ 鉍	Po⁸⁴ 釙	At⁸⁵ 砈	Rn⁸⁶ 氡
Cn¹¹² 鎶	Nh¹¹³ 鉨	Fl¹¹⁴ 鈇	Mc¹¹⁵ 鏌	Lv¹¹⁶ 鉝	Ts¹¹⁷ 鿬	Og¹¹⁸ 鿫

Tb⁶⁵ 鋱	Dy⁶⁶ 鏑	Ho⁶⁷ 鈥	Er⁶⁸ 鉺	Tm⁶⁹ 銩	Yb⁷⁰ 鐿	Lu⁷¹ 鎦
Bk⁹⁷ 鉳	Cf⁹⁸ 鉲	Es⁹⁹ 鑀	Fm¹⁰⁰ 鐨	Md¹⁰¹ 鍆	No¹⁰² 鍩	Lr¹⁰³ 鐒

■ 依導電度歸類為「金屬」（導體）的元素
■ 依導電度歸類為「非金屬」（絕緣體）的元素
■ 依導電度歸類為「非金屬」（半導體）的元素
■ 導電度不詳的元素
□ 磁性金屬（15～25℃）
•••••• 單質為氣態的元素（25℃，1大氣壓）
〜〜 單質為液態的元素（25℃，1大氣壓）
── 單質為固態的元素（25℃，1大氣壓）

註：圖中對金屬（導體）、非金屬（絕緣體）、非金屬（半導體）的顏色分類，主要參考日本宇宙航空研究開發機構（JAXA）宇宙科學研究所的岡田純平助理教授（現任日本東北大學金屬材料研究所副教授）等人的研究團隊，於2015年4月發表的研究成果「硼熔化後會變成金屬嗎？」中刊載的週期表。

稀有金屬為什麼「稀有」？

可能是產量稀少，或是難以取得……

是否耳聞過「稀有金屬」一詞呢？所謂稀有金屬，是指由於某些原因而稀少的金屬。

稀少的原因會依元素而有所不同，其中一個理由是元素在地殼內的含量原本就極少。較具代表性的例子有鉑族元素（platinum group element，參見右頁圖）、銦、錸等元素。然而，也是有含量不算少卻依舊歸類為稀有金屬的元素。這些元素通常難以集中生產，或是得費時耗力才能從礦

含量豐富但無法集中生產的元素

釩的地殼豐度比銅還多。不過，和銅不同的地方在於，釩在地殼中的分布廣泛且分散，故難以取得，所以釩被歸類為稀有金屬。

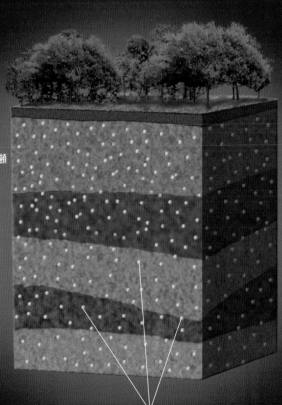

地殼豐度
230公克/噸

釩礦

當中萃取出來。
日本經濟產業省（相當於臺灣的經
部）將47種元素定為稀有金屬，但
此之外，亦有研究人員認定應為稀
金屬的元素。
　稀有金屬是現代產業不可或缺的一
分。舉例來說，像是運用於行動電
「鋰離子電池」的鋰，以及用於汽
廢氣淨化設備中的鉑等。

從週期表觀察稀有金屬

本表的稀有金屬為日本經濟產業省訂定的47種元素，再加上由眾多研究人員認定的7種元素
（於框中左上角標示★的7種元素）共計54種元素，並以不同顏色區分標示。

週期表中獨樹一格的稀土元素

電子會「退」到往內兩層的元素

週期表中歸類為「鑭系元素」的15種元素皆為稀有金屬（更精準的定義是稀土元素）。

鑭系元素是特殊的元素。通常電子會先進入離原子核較近的電子殼層。但在過渡元素中，即使內側的電子殼層還有空位，電子仍會先進到外側的電子殼層。之後，電子才會再退回往內一層的電子殼層。然而，鑭系元素的電子不只會進入往內一層，甚至會進入往內兩層的電子殼層。

每個鑭系元素的內側電子數皆有所差異。不過，由於和化學反應息息相關的「最外側電子數」都相同，因此化學性質非常相似。此處說的性質，指的是「容易變成磁鐵」、「發光」等特性，這也是為什麼鑭系元素常被用於製作強力磁鐵、彩色電視，或作為螢光燈的顯色原料。

鑭系元素的電子組態

圖為鑭系元素之一「釹」的電子組態。雖然 N 層仍有空位，鑭系元素的電子還是會先進入外側的 O 層和 P 層。隨著原子序增加，電子才接著進入 N 層的副殼層（4f 軌域）。

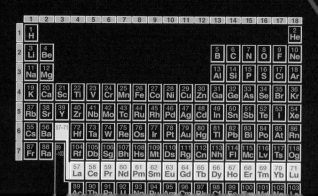

釹
4f軌域上有4個電子。

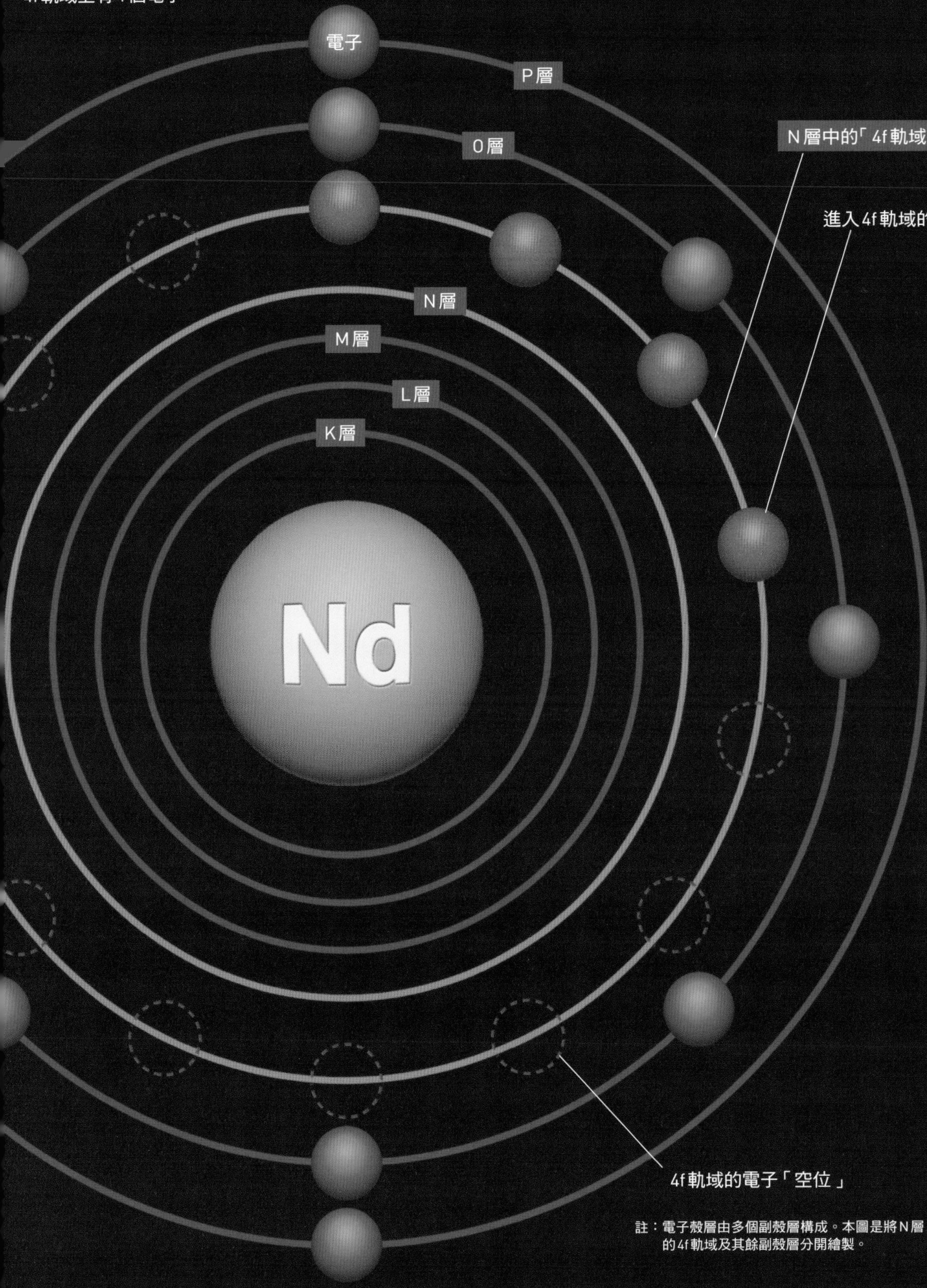

電子

P層

O層

N層中的「4f軌域」

進入4f軌域的電子

N層

M層

L層

K層

Nd

4f軌域的電子「空位」

註：電子殼層由多個副殼層構成。本圖是將N層
的4f軌域及其餘副殼層分開繪製。

除了「表格」形式以外還有各式各樣的週期表！

也有捲筒狀的週期表和由上往下俯瞰的週期表

到 目前為止所看到的週期表，和在學校課堂上所見的相去無幾，都是令人熟悉的表格形式吧。不過，週期表不單單只有一種而已，其實還有其他獨特的週期表相繼被設計出來。

比方說，到現在為止所看到的週期表中，第 1 族和第18族元素、以及第 3 週期的鎂和鋁之間都有空隙。有學者認為這些元素之間應該要相連，因而設計出可連接這些元素的捲筒狀週期表（如圖）。

除此之外還有立體週期表，是將相同週期的元素排在同一個平板上，再層層堆疊而成。如果由上往下觀察這個週期表，就會發現同族元素位於相同的垂直軸上。

相信未來還會出現更多以不同方法排列元素的週期表，也期待新的元素被發掘出來。今後，週期表又會變成什麼樣的形狀、擴展到什麼程度，就讓我們拭目以待吧！

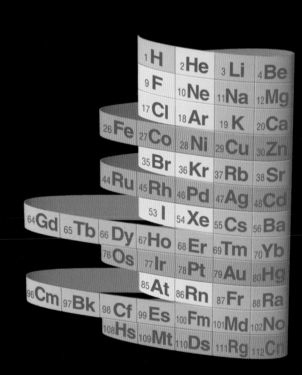

無縫銜接的週期表

這是根據第 1 族和第18族元素、以及第 3 週期的鎂和鋁等元素本該相連的想法，將所有元素連接起來製成的週期表。觀察此週期表會發現，性質相似的第 2 族（鈣等）和第12族（鋅等）元素呈縱向排列。[「元素接觸」（Elementouch），由日本京都大學前野悅輝教授設計]

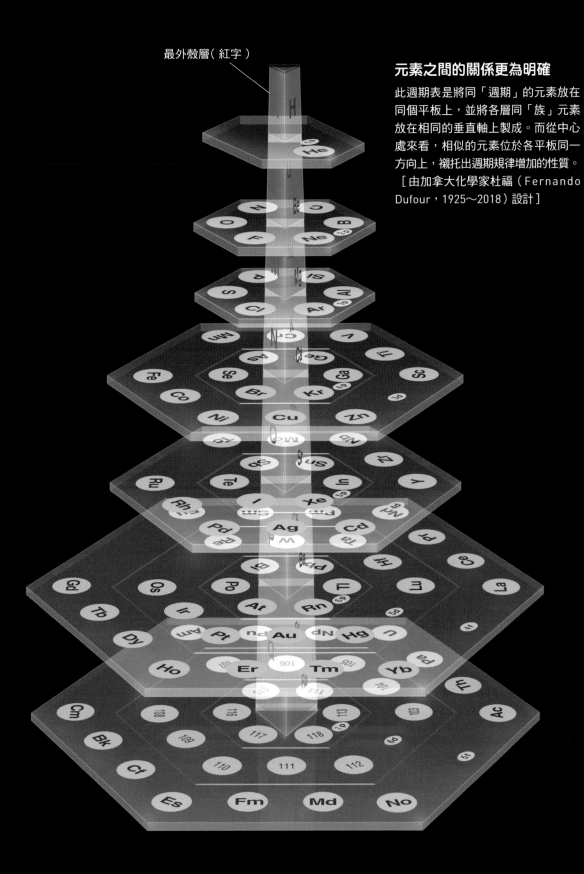

最外殼層（紅字）

元素之間的關係更為明確

此週期表是將同「週期」的元素放在同個平板上，並將各層同「族」元素放在相同的垂直軸上製成。而從中心處來看，相似的元素位於各平板同一方向上，襯托出週期規律增加的性質。〔由加拿大化學家杜福（Fernando Dufour，1925～2018）設計〕

期表的相關介紹在此告一個段落，您覺得如何呢？自古以來，人類一直在探索石塊、金屬、空氣、水等世間「萬物」的結構，最終找到了元素。

每當前人發現新元素時，不單單將其加入週期表中，還會思考該以什麼樣的科學方式進行整理並理解，為此付出了相當多的辛勞。

如果無人製作週期表，還得用零零散散的方法去理解為數眾多的元素，那麼化學恐怕不會像今日這樣蓬勃發展，我們的學習可能也會比現在更加辛苦。真的要好好感謝週期表的存在呢！

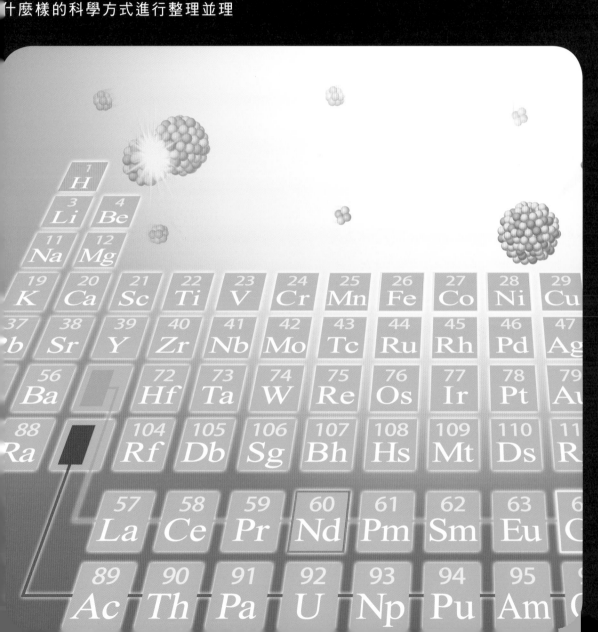

人人伽利略 科學叢書03

完全圖解 元素與週期表
解讀美麗的週期表與全部118種元素！

　　如今的週期表共有118種元素，變得更加完整了。人類對於化學知識的集大成，起源於對世界的好奇：「這世界是由什麼構成的呢？」世間萬物皆由元素構成，而元素、原子、離子之間的關係又是什麼？各具有什麼特性？可以如何應用在生活中呢？

　　本書除了完整講解118種元素的特性及其應用之外，也從基礎知識充分說明元素的特徵。不僅助您踏入化學領域、深入學習元素相關知識，也能成為學習的良好輔助，受益無窮。

人人伽利略 科學叢書04

國中・高中化學
讓人愛上化學的視覺讀本

　　「化學」是研究物質性質、反應的學問。我們的生活充滿了化學，例如構成手機螢幕的液晶是由碳、氫、氮、氧等所組成，而靜音模式下的震動則源自於迷你馬達添加了釹、硼等元素。您是否想過洗髮精的原理？陶瓷燒結後為什麼會變硬？碳到底有多重要呢？

　　本書從了解物質根源的「原子」本質開始，以精美圖解說明電子，再詳細介紹週期表、化學鍵結、生活中的化學反應、有機化學等等，對打穩化學基礎概念大有助益。

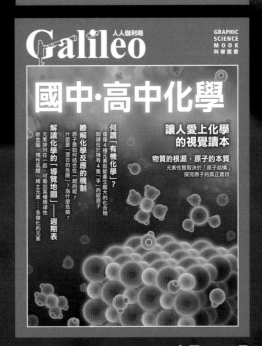

【 少年伽利略 27 】

週期表
揭開週期表的元素祕密

作者／日本Newton Press
特約編輯／洪文樺
翻譯／林園芝
編輯／蔣詩綺
發行人／周元白
出版者／人人出版股份有限公司
地址／231028 新北市新店區寶橋路235巷6弄6號7樓
電話／（02）2918-3366（代表號）
傳真／（02）2914-0000
網址／www.jjp.com.tw
郵政劃撥帳號／16402311 人人出版股份有限公司
製版印刷／長城製版印刷股份有限公司
電話／（02）2918-3366（代表號）
經銷商／聯合發行股份有限公司
電話／（02）2917-8022
香港經銷商／一代匯集
電話／（852）2783-8102
第一版第一刷／2022 年 8 月
定價／新台幣 250 元
　　　港幣 83 元

國家圖書館出版品預行編目（CIP）資料

週期表：揭開週期表的元素祕密
日本Newton Press作；
林園芝翻譯. -- 第一版. --
新北市：人人出版股份有限公司, 2022.08
面；公分. —（少年伽利略；27）
譯自：周期表：周期表にひそむ元素の秘密
あなたも知らずに使っている！
ISBN 978-986-461-302-1（平裝）
1.CST：元素 2.CST：元素週期表

348.21　　　　　　　　　111010667

Staff

Editorial Management	木村直之
Design Format	米倉英弘＋川口 匠（細山田デザイン事務所）
Editorial Staff	中村真哉, 谷合 稔

Photograph

28〜29　NASA, ESA, J. Hester, A. Loll（ASU）

Illustration

表紙	Newton Press
2〜23	Newton Press
24〜25	Newton Press（地球の地図データ：Reto Stöckli, NASA Earth Observatory）, Newton Press
26〜45	Newton Press
46〜49	加藤愛一
50〜57	Newton Press
58〜59	吉原成行,（硫酸イオンの3Dモデル）日本蛋白質構造データバンク（PDBj）, （アンモニウムイオンの3Dモデル）日本蛋白質構造データバンク（PDBj）
60〜67	Newton Press
68〜69	吉原成行
70〜77	Newton Press